"十三五"高等院校数字艺术精品课程规划教材

Photoshop CC
核心应用实战

智慧学习版

周建国 王晓君 主编／张佃龙 刘淼 韦大欢 副主编

人民邮电出版社

北　京

图书在版编目（CIP）数据

Photoshop CC核心应用实战：智慧学习版 / 周建国，
王晓君主编. -- 北京：人民邮电出版社，2021.3（2023.6重印）
"十三五"高等院校数字艺术精品课程规划教材
ISBN 978-7-115-52318-1

Ⅰ. ①P… Ⅱ. ①周… ②王… Ⅲ. ①图象处理软件－
高等学校－教材 Ⅳ. ①TP391.413

中国版本图书馆CIP数据核字(2019)第232684号

内 容 提 要

本书全面、系统地介绍了Photoshop的基本操作方法及核心处理技巧。全书共10章，内容包括初见、上手、图层、图像、抠图、修图、调色、合成、特效和实战。本书主要采用案例的形式对知识点进行讲解，读者在学习本书的过程中，不但能掌握各个知识点的使用方法，而且能掌握案例的制作方法，做到"学以致用"。本书最后一章为商业实战，通过对7个商业实例的学习，读者可以进一步提高对Photoshop的综合运用能力。

本书适合作为高等院校本科、专科和培训机构 Photoshop 相关课程的教材，也可作为 Photoshop 自学人员的参考书。

◆ 主　编　周建国　王晓君
副 主 编　张佃龙　刘　淼　韦大欢
责任编辑　桑　珊
责任印制　王　郁　彭志环

◆ 人民邮电出版社出版发行　　北京市丰台区成寿寺路 11 号
邮编　100164　电子邮件　315@ptpress.com.cn
网址　https://www.ptpress.com.cn
北京瑞禾彩色印刷有限公司印刷

◆ 开本：787×1092　1/16
印张：16.25　　　　　　2021 年 3 月第 1 版
字数：418 千字　　　　2023 年 6 月北京第 6 次印刷

定价：99.80 元

读者服务热线：(010)81055256　印装质量热线：(010)81055316
反盗版热线：(010)81055315
广告经营许可证：京东市监广登字 20170147 号

FOREWORD —————————————————— 前言

学习 Photoshop 的原因

Adobe Photoshop，简称"PS"，是一款专业的数字图像处理软件，深受创意设计人员和图像处理爱好者的喜爱。PS 拥有强大的绘图和编辑工具，可以对图像、图形、文字、视频等进行编辑。通过 PS 的抠图、修图、调色、合成、特效等核心功能，可以制作出精美的数字图像作品。目前，我国很多院校的艺术设计类专业，都将 Photoshop 作为一门重要的专业课程。本书邀请行业、企业专家和几位长期从事 Photoshop 教学的教师一起，从人才培养目标方面做好整体设计，明确专业课程标准，强化专业技能培养，安排教学内容；根据岗位技能要求，引入了企业真实案例，通过"慕课"等立体化的教学手段来支撑课堂教学。同时在内容编写方面，本书全面贯彻党的二十大精神，以社会主义核心价值观为引领，传承中华优秀传统文化，坚定文化自信，使内容更好体现时代性、把握规律性、富于创造性。

使用本书，3 步学会 Photoshop

Step1　结合慕课视频快速上手 Photoshop，掌握基础知识。

软件历史　　　　　　　　　　　　　　　　　　　　应用领域

基础操作　　　　　　　　　　　　　　　　　　　　图像知识

Step2 基础概念 + 方法分析 + 案例实战，掌握软件核心功能。

5.1 抠图基础

抠图基础

5.1.1 抠图的概念

抠图是将图像中需要的一部分图像从原图像画面中分离出来。在 Photoshop 中，可以借助抠图工具、抠图命令和选择方法来完成。

清晰了解基础概念

原图

用选区选中对象

将对象从背景中分离出来

抠图在设计工作中经常使用，如宣传单设计、画册设计、广告设计、包装设计、出版物设计、品牌设计、电商设计、网页设计、界面设计等很多设计领域都要经常使用抠图来完成部分设计制作的工作内容。

5.2 分析图像

5.2.1 简单形状选择法

（1）边缘清晰且形状规则的主体图像，可以使用"矩形选框"工具和"椭圆选框"工具进行抠图。

具体分析使用方法

（2）边缘平直、清晰且形状不规则的主体图像，可以使用"多边形套索"工具进行抠图。

（3）边缘光滑、清晰且形状不规则的主体图像，可以使用"钢笔"工具进行抠图。

FOREWORD —————————————— 前言

5.3 抠图实战

5.3.1 使用"魔棒"工具抠出网店商品

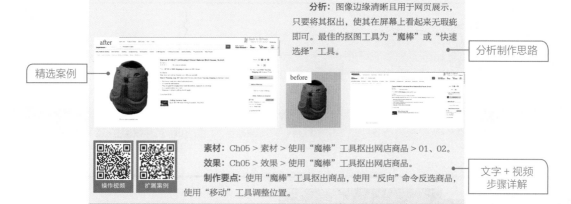

精选案例

分析：图像边缘清晰且用于网页展示，只要将其抠出，使其在屏幕上看起来无瑕疵即可。最佳的抠图工具为"魔棒"或"快速选择"工具。

分析制作思路

素材：Ch05 > 素材 > 使用"魔棒"工具抠出网店商品 > 01、02。
效果：Ch05 > 效果 > 使用"魔棒"工具抠出网店商品。
制作要点：使用"魔棒"工具抠出商品，使用"反向"命令反选商品，使用"移动"工具调整位置。

操作视频　　扩展案例

文字 + 视频
步骤详解

5.4 商业综合实例——制作杂志内页

素材与最终效果对比

分析：本例提供了 24 张图片，根据前面所学的抠图技法，将图片抠出，放在新建的版面上，添加文字，组成杂志内页。根据需要选择最佳的抠图工具。

商业案例综合
实战，综合运
用本章知识

扫码看扩展案例

素材： Ch05 > 素材 > 制作杂志内页 > 01 ~ 24。

效果： Ch05 > 效果 > 制作杂志内页

制作要点： 使用"钢笔"工具和"调整边缘"命令抠出人物，使用"魔棒"工具和"钢笔"工具抠出服饰，使用"自由变换"命令调整商品的大小及位置，使用"横排文字"工具和"多边形"工具添加文字及图形。

扫码看操作视频

1．人物抠图

（1）打开素材 01。选择"钢笔"工具 仔细抠出除头发外的部分，头发部分只大概勾勒出轮廓，留待之后通过"调整边缘"命令进行处理。

（2）选择"钢笔"工具 ，沿着模特边缘绘制路径。

（3）按 Ctrl+Enter 组合键，将路径转化为选区。

5.6 课后习题——使用"通道"控制面板抠出酒杯

分析： 图片中是透明材质的酒杯，需要将其抠出并添加新的背景，用于制作广告。最佳的抠图工具为"通道"控制面板。

课后习题，拓展应用能力

素材： Ch05 > 素材 > 使用"通道"控制面板抠出酒杯 > 01 ~ 03。

效果： Ch05 > 效果 > 使用"通道"控制面板抠出酒杯。

制作要点： 使用"钢笔"工具绘制酒杯的路径，使用"将路径转化为选区"命令将路径转化为选区，使用"亮度/对比度"命令调整复制的通道，使用"载入选区"命令和图层蒙版抠出图像，使用"画笔"工具精细抠图，使用"移动"工具添加底图和文字。

FOREWORD ——————————————— 前言

Step3 综合实战，结合扩展设计知识，演练真实商业项目制作过程。

广告设计

封面设计

包装设计

UI 设计

网页设计

配套资源及获取方式

- 所有案例的素材及最终效果文件。
- 案例操作视频，扫描书中二维码即可观看。
- 扩展案例，扫描书中二维码，即可查看扩展案例操作步骤。
- 商业案例详细步骤，扫描书中二维码，即可查看商业案例详细操作步骤。
- 设计基础知识＋设计应用知识，扩展阅读资源。
- 常用工具速查表、常用快捷键速查表。
- 全书 10 章 PPT 课件。
- 教学大纲。
- 教学教案。

全书配套资源：读者可登录人邮教育社区（www.ryjiaoyu.com），在本书页面中免费下载使用。

全书慕课视频：登录人邮学院网站（www.rymooc.com）或扫描封底的二维码，使用手机号码完成注册，在首页右上角单击"学习卡"选项，输入封底刮刮卡中的激活码，即可在线观看视频。扫描书中二维码也可以使用手机观看视频。

教学指导

本书的参考学时为 64 学时，其中实训环节为 34 学时，各章的参考学时参见下面的学时分配表。

章	课程内容	学时分配	
		讲授	实训
第 1 章	初见	2	
第 2 章	上手	2	2
第 3 章	图层	2	2
第 4 章	图像	2	2
第 5 章	抠图	4	4
第 6 章	修图	4	4
第 7 章	调色	4	4
第 8 章	合成	4	4
第 9 章	特效	4	4
第 10 章	实战	2	8
学时总计		30	34

本书约定

本书中关于颜色设置的表述，如蓝色（232、239、248），括号中的数字分别为其 R、G、B 的值。

由于作者水平有限，书中难免存在疏漏和不妥之处，敬请广大读者批评指正。

编　者

2023 年 5 月

教学辅助资源及配套教辅

素材类型	名称或数量	素材类型	名称或数量
教学大纲	1 套	课堂实例	61 个
电子教案	10 单元	PPT 课件	10 个
第 5 章 抠图案例	使用"魔棒"工具抠出网店商品	第 7 章 调色案例	调整太亮的图片
	使用"钢笔"工具抠出化妆品		调整偏红的图片
	使用色彩范围抠出天空		调整不饱和的图片
	使用"调整边缘"命令抠出头发		制作高贵项链
	使用"通道"控制面板抠出玻璃器具		制作日系暖色调照片
	使用混合颜色带抠出烟雾		制作 LOMO 色调照片
	使用"通道"控制面板抠出婚纱		制作黑白色调照片
	制作杂志内页		制作日落海滨照片
	使用"钢笔"工具抠出相机		制作腕表广告
	使用"通道"控制面板抠出酒杯		调整偏绿的图片
第 6 章 修图案例	修全身		制作糖水色调照片
	修胳膊	第 8 章 合成案例	添加涂鸦
	修脸型		贴合图片
	修眼睛		添加标识
	修眉毛		添加文身
	修污点		制作手绘
	修碎发		贴合纹理
	修光影		融合图片
	制作杂志封面		应用纹理
	修腿臀		制作立体书
	修瑕疵		制作手机广告
第 7 章 调色案例	调整太暗的图片		制作汽车广告

续表

素材类型	名称或数量	素材类型	名称或数量
第9章 特效案例	制作金属字	第9章 特效案例	制作烈火特效
	制作牛奶字		
	制作激光字	第10章 实战案例	制作房地产广告
	制作燃烧字		制作杂志封面
	制作麻布纹理		制作饮料包装
	制作缠绕炫光		制作手机 UI
	制作光感效果		制作化妆品网页
	制作啤酒广告		制作空调宣传单
	制作电影海报		制作咖啡包装

Photoshop

CONTENTS ———————— 目录

—01—

第1章　初见

—02—

第2章　上手

Photoshop

— 04 —

— 03 —

第3章 图层

第4章 图像

— 05 —

第5章 抠图

CONTENTS ——————————— 目录

—07—

第 7 章　调色

—06—

第 6 章　修图

Photoshop

—08—

第 8 章　合成

—09—

第 9 章　特效

CONTENTS ———————————— 目录

— 10 —

第 10 章　实战

扩展知识扫码阅读

设计基础知识

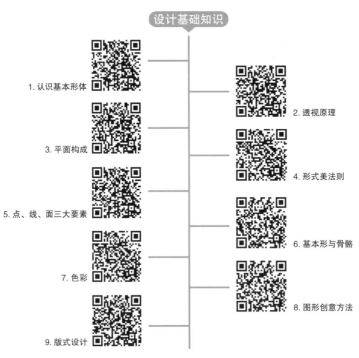

1. 认识基本形体

3. 平面构成

5. 点、线、面三大要素

7. 色彩

9. 版式设计

2. 透视原理

4. 形式美法则

6. 基本形与骨骼

8. 图形创意方法

设计应用知识

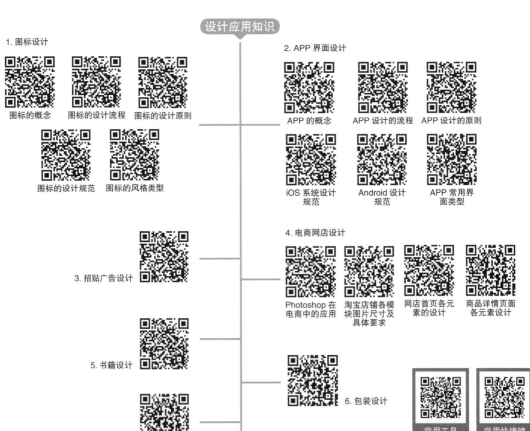

1. 图标设计

图标的概念　图标的设计流程　图标的设计原则

图标的设计规范　图标的风格类型

3. 招贴广告设计

5. 书籍设计

7. 网页设计

2. APP 界面设计

APP 的概念　APP 设计的流程　APP 设计的原则

iOS 系统设计规范　Android 设计规范　APP 常用界面类型

4. 电商网店设计

Photoshop 在电商中的应用　淘宝店铺各模块图片尺寸及具体要求　网店首页各元素的设计　商品详情页面各元素设计

6. 包装设计

常用工具速查表　常用快捷键速查表

第1章

初见

当我们初见 Photoshop 时，一定想知道它有多么神奇。它是设计人员手中的利器，利用好 Photoshop 强大的数字图像绘制和编辑功能，可以完成图像处理、视觉创意、数字绘画、平面设计、界面设计、包装设计、产品设计、效果图处理等各类设计任务。通过高效的学习和应用，我们一定可以成为 Photoshop 的高手。

本章介绍

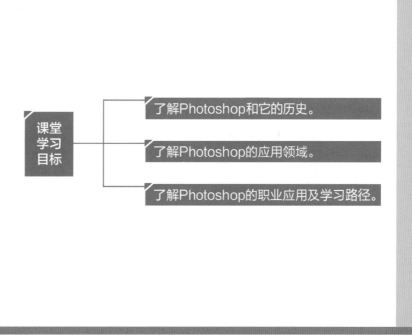

课堂学习目标

了解Photoshop和它的历史。

了解Photoshop的应用领域。

了解Photoshop的职业应用及学习路径。

1.1 Photoshop 的概述

　　Adobe Photoshop，简称"PS"，是一款专业的数字图像处理软件，深受创意设计人员和图像处理爱好者的喜爱。Photoshop 拥有强大的绘图和编辑工具，可以对图像、图形、文字、视频、3D 等进行编辑。通过 Photoshop 的抠图、修图、调色、合成、特效等核心功能，可以制作出精美的数字图像作品。

1.2 Photoshop 的历史

1.2.1 Photoshop 的诞生

　　双击 Photoshop 图标，启动 Photoshop，在启动界面会出现一个名单。在出现的名单中排在第一位的一定是对 Photoshop 最重要的人，他就是托马斯·诺尔（Thomas Knoll）。

　　1987 年，Thomas Knoll 还是美国密歇根大学的一名博士生，他在完成毕业论文的时候，发现了一个问题，苹果计算机黑白位图显示器上无法显示带灰阶的黑白图像，效果显示太差。于是他动手编写了一个叫 Display 的程序，可以在黑白位图显示器上显示带灰阶的黑白图像。

不带灰阶的黑白图像　　　　　　　　　　　　　　　　带灰阶的黑白图像

　　在此基础上，他又和哥哥约翰·诺尔（John Knoll）一起在 Display 中增加了色彩调整、羽化等功能，并将 Display 更名为 Photoshop。之后软件巨头 Adobe 公司花了 3 450 万美元买下了 Photoshop。

Thomas Knoll

John Knoll

1.2.2 Photoshop 的发展

Adobe 公司于 1990 年推出了 Photoshop1.0，之后不断优化 Photoshop，先后出现了 2.0、2.5、3.0、4.0、5.0、6.0。随着版本的升级，Photoshop 的功能越来越强大，Photoshop 的图标设计也在不断地变化。2002 年推出了 Photoshop 7.0，图标变化为放大状的眼睛图标。

Photoshop 1.0 Photoshop 2.0 Photoshop 2.5 Photoshop 3.0 Photoshop 4.0 Photoshop 5.0 Photoshop 6.0 Photoshop 7.0

2003 年，Adobe 整合了公司旗下的设计软件，推出了 Adobe Creative Suit（Adobe 创意套装），简称 Adobe CS。Photoshop 也命名为 Photoshop CS，图标变化为羽毛形状。之后陆续推出了 Photoshop CS2、CS3、CS4、CS5、CS6，而在 CS3 时图标变化为蓝色的色块。

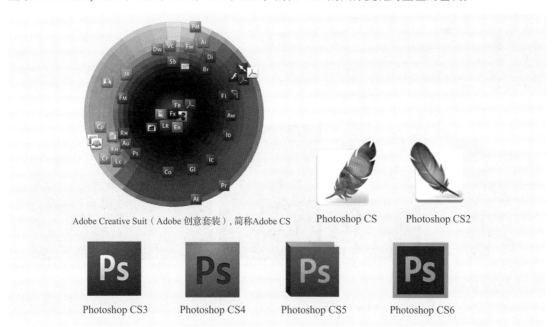

Adobe Creative Suit（Adobe 创意套装），简称Adobe CS   Photoshop CS   Photoshop CS2

Photoshop CS3   Photoshop CS4   Photoshop CS5   Photoshop CS6

2013 年，Adobe 公司推出了 Adobe Creative Cloud（Adobe 创意云），简称 Adobe CC，形成了云服务下的新软件平台。Photoshop 也命名为 Photoshop CC。

Adobe Creative Cloud（Adobe创意云），简称Adobe CC

Photoshop CC

扩展： Adobe 公司创建于 1982 年，是世界领先的数字媒体和在线营销方案供应商。

1.3 | Photoshop 的应用

1.3.1 应用领域

1. 图像处理

Photoshop 具有强大的图像处理功能。利用这些功能，可以对数字影像快速进行抠图、修图、调色等效果制作。

2. 视觉创意

视觉创意是 Photoshop 的特长，通过 Photoshop 的处理可以将图像进行合成，也可以制作图像的特殊效果和进行 3D 创作。

3. 数字绘画

Photoshop 具有良好的绘画功能，许多插画设计师和游戏美术师都会使用 Photoshop 来绘制各种风格的数字艺术绘画作品。

4．平面设计

    Photoshop 在平面设计中的应用最为广泛，广告、海报、宣传单等设计都可以使用 Photoshop 来完成。

5．界面设计

    Photoshop 在界面设计中的应用越来越普遍，使用 Photoshop 可以完成图标设计、网页界面设计、手机界面设计和游戏界面设计等。

6. 包装设计

Photoshop 在包装设计中的应用至关重要，使用 Photoshop 对包装中的图像元素进行艺术处理，是设计出高品质包装的必要环节。

7. 产品设计

Photoshop 在产品设计的效果图表现阶段发挥着重要作用，利用 Photoshop 的强大功能可以充分绘制出产品的特色效果。

8. 效果图处理

Photoshop 具有强大的效果图处理功能，可以对渲染出的室内外效果图进行调色、配景等后期处理。

1.3.2　职业应用

　　由于 Photoshop 在艺术设计领域的应用非常广泛，所以 Photoshop 也是各类艺术设计职业岗位从业人员必会的专业应用软件。目前，需要掌握 Photoshop 的热门设计职业岗位包括平面设计师、网页设计师、UI 设计师、App 设计师、交互设计师、广告设计师、电商设计师、多媒体设计师、摄影师、修图师、美术设计师（2D/3D）、原画设计师、游戏特效设计师、游戏界面设计师、游戏场景设计师、游戏角色设计师、游戏动作设计师、视频 / 动效设计师、视频剪辑师、影视特效师、视频包装设计师等。

1.3.3　学习路径

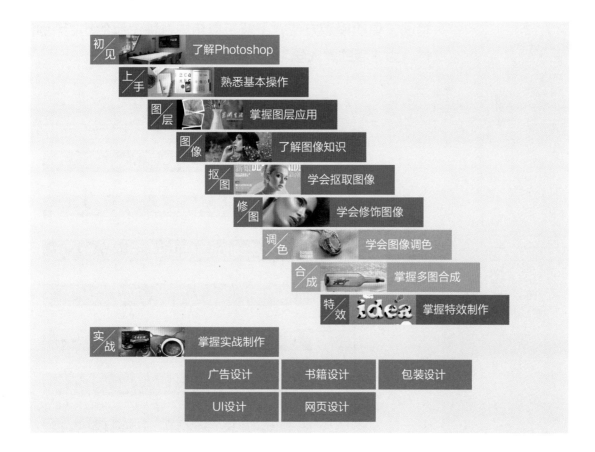

第 2 章

上手

02

我们要想快速上手学好 Photoshop，熟练掌握 Photoshop 的基础工具和基本操作是必要的环节，其中包括了解 Photoshop 的工作界面和单位设置，合理使用快捷键完成操作，熟练掌握文件编辑的方法及常用工具和辅助工具的使用方法，了解工具箱中各种工具的功能和属性，为之后的深入学习打下坚实的基础。

本章介绍

课堂
学习
目标

了解Photoshop的工作界面。

掌握Photoshop的快捷键。

了解Photoshop的单位设置。

熟练掌握Photoshop文件编辑的方法。

了解Photoshop的工具箱。

熟练掌握Photoshop的常用工具和辅助工具。

掌握Photoshop还原操作的技巧。

2.1 Photoshop 的工作界面

2.1.1 工作界面

1．工作界面布局

Photoshop 的工作界面和快捷键

双击桌面图标打开 Photoshop，工作界面主要由菜单栏、属性栏、工具箱和控制面板组成。

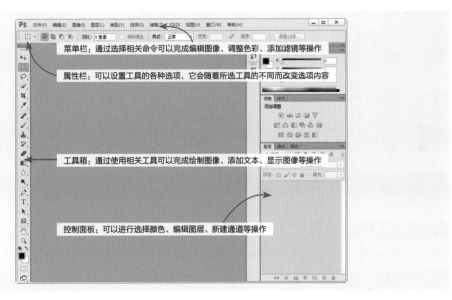

当打开一张图像时，在工作界面中显示出标题栏、图像窗口和状态栏。

2．工作界面设置

选择"编辑 > 首选项 > 界面"命令，弹出"首选项"对话框，可以设置界面外观选项。

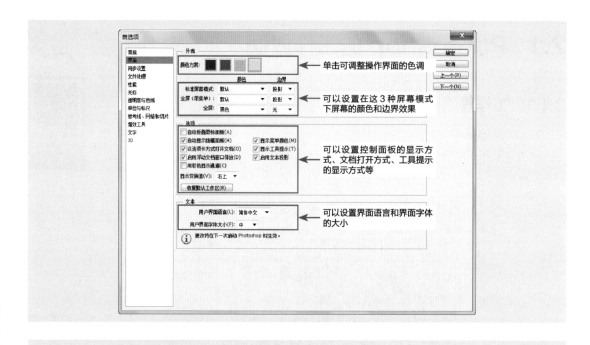

单击可调整操作界面的色调

可以设置在这3种屏幕模式下屏幕的颜色和边界效果

可以设置控制面板的显示方式、文档打开方式、工具提示的显示方式等

可以设置界面语言和界面字体的大小

提示： 界面的语言和文字大小设置完成后，需要重新启动 Photoshop 才会显示界面的设置。

2.1.2 工作区设置

1. 工作区命令

选择"窗口 > 工作区"命令，显示 Photoshop 预设的工作区。

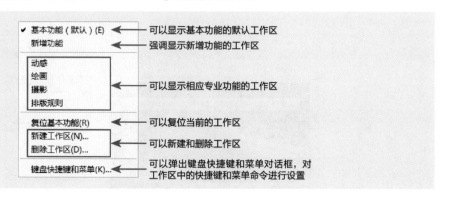

可以显示基本功能的默认工作区

强调显示新增功能的工作区

可以显示相应专业功能的工作区

可以复位当前的工作区

可以新建和删除工作区

可以弹出键盘快捷键和菜单对话框，对工作区中的快捷键和菜单命令进行设置

2. 选择和复位工作区

若单击"摄影"命令，会显示出系统预设的摄影工作区。若想在摄影工作区添加"颜色"控制面板，可选择"窗口 > 颜色"命令，弹出"颜色"控制面板，且所在控制面板组自动添加到工作区中。选择"窗口 > 工作区 > 复位摄影"命令，可复位摄影工作区。

提示： 当前使用的是什么工作区，能复位的就是什么工作区。

3. 新建和删除工作区

选择"窗口 > 工作区 > 新建工作区"命令，弹出"新建工作区"对话框，命名后单击"存储"按钮，新建工作区。在工作区菜单中添加新的工作区。

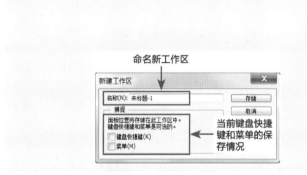

若想复位默认的工作区，选择"窗口 > 工作区 > 基本功能（默认）"命令，将工作区恢复为默认。选择"窗口 > 工作区 > 删除工作区"命令，弹出"删除工作区"对话框，选择需要删除的工作区后，单击"删除"按钮，弹出提示框，单击"是"按钮删除工作区，在工作区菜单中删除选取的工作区。

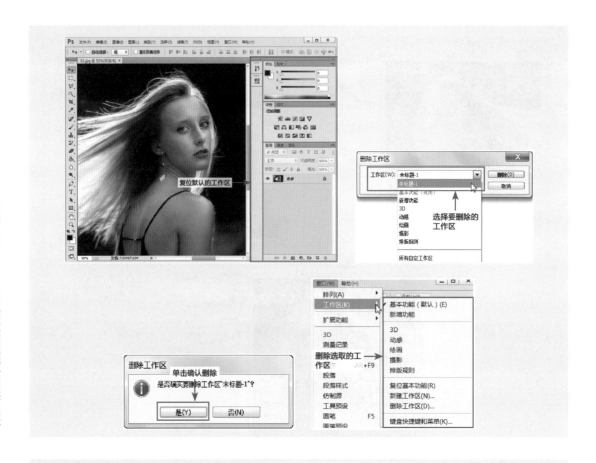

提示：当前使用的工作区是不能删除的。

4. 显示或隐藏工作区

按 Tab 键，可以隐藏工具箱和控制面板；再次按 Tab 键，可显示出隐藏的工具箱和控制面板。

按 Shift+Tab 组合键，可以隐藏控制面板；再次按 Shift+Tab 组合键，可显示出隐藏的控制面板。

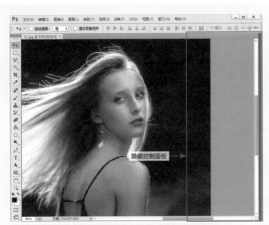

按 F 键，切换到带有菜单栏的全屏模式；再次按 F 键，切换到全屏模式；再按 F 键，返回标准屏幕模式。

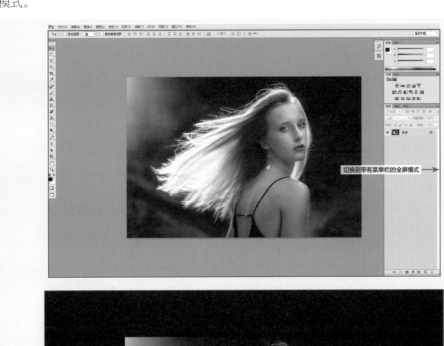

2.2 Photoshop 的快捷键

快捷键，又叫快速键或热键，指通过某些特定的按键或按键组合来完成一个操作。快捷键的组合操作并配合鼠标使用，可快速完成复杂的制作任务，提高工作效率。

2.2.1 快捷键的操作形式

快捷键的操作形式分为 3 种：鼠标快捷键、键盘快捷键、鼠标与键盘组合的快捷键。

1. 鼠标快捷键

单独使用鼠标的左右键可以快速完成 Photoshop 的操作。例如，在工作区双击鼠标左键，弹出"打开"对话框，在需要打开的文件上双击鼠标左键，在图像窗口中打开文件；在工具箱中选择"缩放"工具，在图像窗口中单击鼠标右键，弹出快捷菜单，选择"按屏幕大小缩放"命令，可按屏幕大小缩放图像。

2. 键盘快捷键

键盘快捷键是 Photoshop 操作中使用频率最高的快捷键形式。

快捷键的位置

在 Photoshop 的工具和命令中都标注有快捷键的按键组合形式。

在键盘快捷键中按住菜单命令右侧括号中的字母，弹出下拉菜单，在命令右侧括号中的字母为该命令的快捷键。在命令右侧的按键组合键也为该命令的快捷键。

在工具箱中按住一个右下角带三角图标的工具，弹出相应的工具组面板，面板右侧的字母为该工具的快捷键。

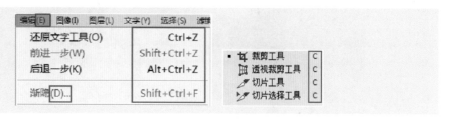

快捷键的形式

在 Photoshop 中，键盘快捷键有多种形式，分别是单个字母的快捷键、2 个按键的组合快捷键、3 个按键的组合快捷键、4 个按键的组合快捷键和特殊的组合快捷键。

快捷键的使用方法

单个字母快捷键的使用方法：

按键盘上的字母，即可执行一个操作。

2 个按键组合快捷键的使用方法：

按住 Ctrl、Shift 或 Alt 键不放，再按键盘上的字母，即可执行一个操作。

3 个按键组合快捷键的使用方法：

同时按住 Ctrl、Shift 和 Alt 键中的任意 2 个键不放，再按键盘上的字母，即可执行一个操作。

4 个按键组合快捷键的使用方法：

同时按住 Ctrl、Shift 和 Alt 键，再按键盘上的字母，即可执行一个操作。

特殊组合快捷键的使用方法：

按住 Alt 键，再按菜单命令右侧括号中的字母键，即可打开该菜单并弹出下拉菜单，再按菜单命令右侧括号内的字母键，即可执行该命令。

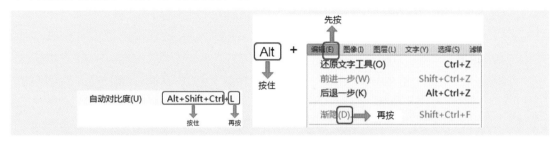

3. 鼠标与键盘组合快捷键

通过鼠标与键盘组合快捷键也可便捷地完成 Photoshop 的常用操作。例如，在图像放大状态下，按住键盘上的空格键，鼠标指针变为抓手工具，再按住鼠标左键进行拖曳，可观察图像的细节。

2.2.2　快捷键的设置

在 Photoshop 中，按 Alt+Shift+Ctrl+K 组合键，弹出"键盘快捷键和菜单"对话框，可以根据个人需求自定义快捷键。

2.2.3　快捷键的设置冲突

当 Photoshop 软件与其他软件同时打开时，若有相同的快捷键设置，在使用过程中会产生冲突，最常见的是与 QQ 软件的冲突。

如常用的 Photoshop 中的"后退一步"组合键 Alt+Ctrl+Z，是 QQ 默认的"提取消息"快捷键，可修改 QQ 的快捷键设置。

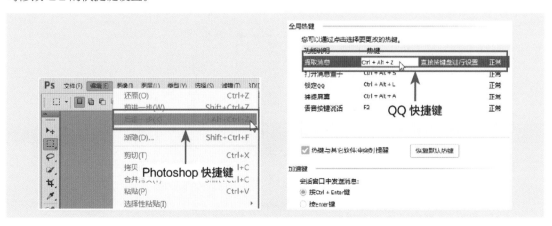

2.3 Photoshop 的单位设置

1. 常用单位

Photoshop 常用的单位主要有像素、英寸、厘米、毫米和点。

像素是点组成图像的基本元素，是图像最基本的单位。

英寸一般用来衡量显示器等平面显示设备的大小，在数码扫描冲印的照片或拍的照片中常常用到。

厘米和毫米是常用的长度单位，也是平面印刷品设计的常用单位。

点是 Photoshop 字号的单位。

2. 单位运用

Photoshop 的单位一般会用于"新建"对话框、"图像大小"对话框和"画布大小"对话框，还用于标尺和属性栏的图形长度、宽度、半径和描边粗细中。

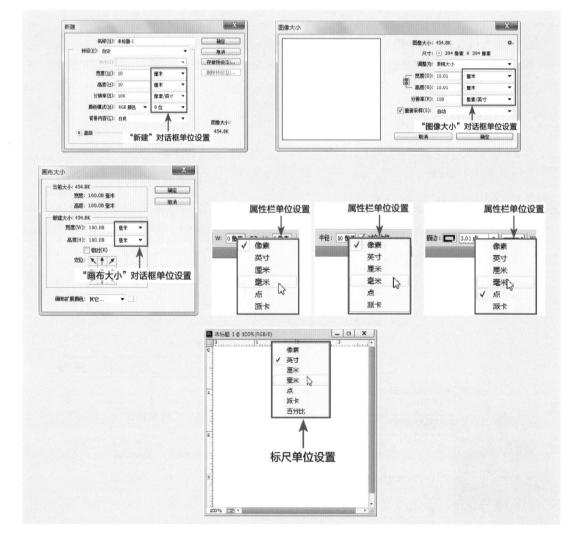

3．设置单位

打开 Photoshop 后，选择"编辑 > 首选项 > 单位与标尺"命令，或按 Ctrl+K 组合键，弹出"首选项"对话框，选择"单位与标尺"选项卡，在该选项卡中选择需要更改的单位即可。

还可以在标尺上单击鼠标右键设置单位，或在选取需要的工具后，在属性栏中单击鼠标右键设置单位。

4．单位与文档

单位不同文件大小会差很多，文件打开和运行速度也会差很多。

如按下图中的尺寸设置，当设置的大小数量不变时，单位为像素，图像大小显示为"1.83M"；单位为厘米，图像大小显示为"24.9G"。当打开和编辑单位为厘米的图像时，软件运行会很慢，甚至有可能会导致计算机崩溃。

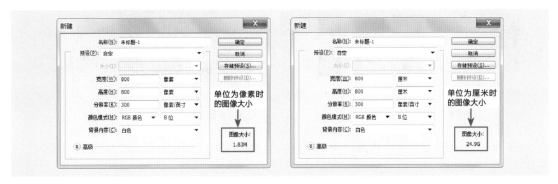

2.4　Photoshop 的文件编辑

掌握文件的基本操作方法是开始设计和制作作品所必需的技能。下面将具体介绍 Photoshop CC 软件中的基本操作方法。

2.4.1　新建图像

新建图像是使用 Photoshop 进行设计的第一步。如果要在一个空白的图像上绘图，就要新建一个图像文件。

选择"文件 > 新建"命令，或按 Ctrl+N 组合键，弹出"新建"对话框，可以设置名称、宽度和高度、分辨率及颜色模式等选项，设置完成后单击"确定"按钮即可。

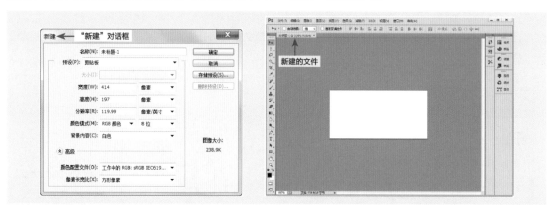

2.4.2 打开图像

如果要对照片或图片进行修改和处理，就要在 Photoshop 中打开需要处理的图像。

1. 拖曳打开图像

打开存放图片的文件夹，选取图片并将其拖曳到 Photoshop 的图标上。运行 Photoshop 并打开该文件。

打开存放图片的文件夹，选择需要的图片并将其拖曳到工作区的标题栏中，松开鼠标，在 Photoshop 中打开文件。

2. 命令打开图像

选择"文件 > 打开"命令，或按Ctrl+O组合键，弹出"打开"对话框，在对话框中搜索路径和文件，确认文件类型和名称，单击"打开"按钮，即可打开所指定的图像文件。

3. 工作区双击打开图像

按Ctrl+Alt+W组合键，关闭打开的文件。在工作区中双击鼠标左键，弹出"打开"对话框，直接双击需要打开的图片，即可打开所指定的图像文件。

4. 打开最近打开的图像

选择"文件 > 最近打开文件"的子菜单中显示的文件，并选择需要打开的文件，单击即可打开文件。

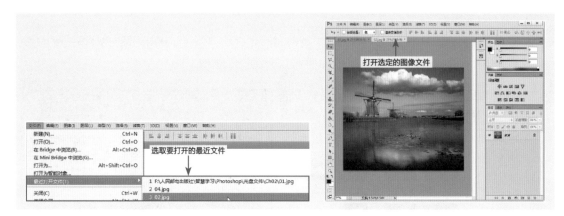

5. 打开为智能对象

选择"文件 > 打开为智能对象"命令，弹出"打开"对话框，选择需要的图片，单击"打开"按钮，自动转换为智能对象打开。

> **提示：** 在"打开"对话框中，也可以一次同时打开多个文件，只要在文件列表中将所需的几个文件选中，并单击"打开"按钮即可。在"打开"对话框中选择文件时，按住 Ctrl 键的同时，用鼠标单击，可以选择不连续的多个文件；按住 Shift 键的同时，用鼠标单击，可以选择连续的多个文件。

2.4.3 保存图像

编辑和制作完图像后，就需要将图像进行保存。

选择"文件 > 存储"命令，或按 Ctrl+S 组合键，可以存储文件。当设计好的作品进行第一次存储时，选择"文件 > 存储"命令，将弹出"另存为"对话框。在对话框中输入文件名、选择保存类型后，单击"保存"按钮，即可将图像保存。

> **提示：** 当对已经存储过的图像文件进行各种编辑操作后，选择"存储"命令，将不弹出"另存为"对话框，计算机直接保存最终确认的结果，并覆盖原文件。

选择"文件 > 存储为"命令，在打开的"另存为"对话框中，可以将文件保存为另外的名称和其他格式，或存储到其他位置，单击"保存"按钮，即可将图像另外保存。

2.4.4 关闭图像

将图像进行存储后，可以将其关闭。选择"文件 > 关闭"命令，或按 Ctrl+W 组合键，可以关闭文件。关闭文件时，若当前文件被修改过或是新建的文件，则会弹出提示框，单击"是"按钮即可存储并关闭图像。

选择"文件 > 关闭全部"命令，或按 Ctrl+Alt+W 组合键，可以关闭打开的多个文件。

选择"文件 > 退出"命令，或按 Ctrl+Q 组合键，或单击程序窗口右上角的 ✕ 按钮，可以关闭文件并退出 Photoshop。

2.5 Photoshop 的工具箱

在 Photoshop 工作界面最左侧的就是工具箱，它包含了用于创建和编辑图像、图稿、页面元素的工具和按钮。这些工具分为选择工具、绘图工具、填充工具、修饰工具、颜色选择工具、屏幕视图工具和快速蒙版工具等几大类。

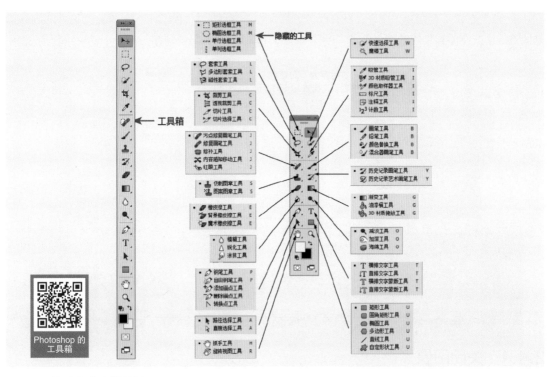

1. 显示名称和快捷键

想要了解每个工具的具体名称，可以将光标放置在具体工具的上方，此时会出现一个黄色的图标，上面会显示该工具的具体名称。工具名称后面括号中的字母代表选择此工具的快捷键，只要在键盘上按下该字母键，就可以快速切换到相应的工具上。

2. 设置工具快捷键

选择"编辑 > 键盘快捷键"命令，弹出"键盘快捷键和菜单"对话框，在"快捷键用于"选项中选择"工具"选项，在下面的选项窗口中选择需要修改的工具，单击快捷键，可显示编辑框，在键盘下按要修改的快捷键，可显示修改的快捷键，单击"确定"按钮，即可修改成功。

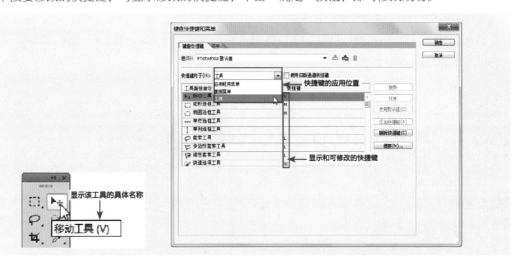

3．切换工具箱的显示状态

Photoshop CC 的工具箱可以根据需要在单栏与双栏之间自由切换。默认工具箱显示为单栏，单击工具箱上方的双箭头图标 ▶▶，工具箱即可转换为双栏。

4．显示隐藏工具箱

在工具箱中，部分工具图标的右下方有一个黑色的小三角 ◢，该小三角表示在该工具下还有隐藏的工具。用鼠标在工具箱中有小三角的工具图标上单击，并按住鼠标左键不放，弹出隐藏的工具选项，将鼠标指针移动到需要的工具图标上，即可选择该工具。

5．恢复工具的默认设置

要想恢复工具的默认设置，可以选择该工具后，在相应的工具属性栏中的工具图标上单击鼠标右键，在弹出的菜单中选择"复位工具"命令。

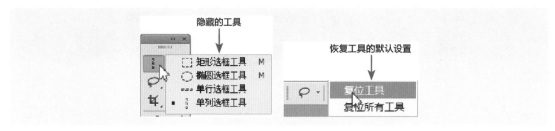

6．鼠标指针的显示状态

选择工具箱中的工具后，鼠标指针就变为工具图标。例如，选择"裁剪"工具 ⌁，图像窗口中的鼠标指针也随之显示为"裁剪"工具的图标；选择"画笔"工具 ✎，鼠标指针显示为"画笔"工具的对应图标；按下 Caps Lock 键，鼠标指针转换为精确的十字形图标。

2.6 Photoshop 的常用工具

2.6.1 "移动"工具

"移动"工具位于工具箱的第一组，是最常用的工具之一。不论是移动同一文件中的图层、选区内的图像，还是将其他文件中的图像拖入当前图像，都需要使用该工具。

1. 在同一文件中移动图像

打开素材文件，选取需要移动的图层。选择"移动"工具，在图像窗口中拖曳鼠标移动图层中的图像，松开鼠标，移动图像。

打开素材文件，选取需要移动的图层。选择"移动"工具，按数字键盘上的←键，将图像向左微移一个像素。按住数字键盘上的←键不放，向左移动图层中的图像，松开鼠标。

> **提示：**按住 Shift 键的同时，再按方向键，则图像可移动 10 个像素距离；若移动时按住 Alt 键，可复制图像，同时生成一个新的图层。

打开素材文件，绘制选区。选择"移动"工具，在图像窗口中的选区内单击并拖曳鼠标移动选区中的图像，松开鼠标。

> **提示：**锁定的图层是不能移动的，只有将图层解锁之后，才能对其进行移动。

2. 在不同文件中移动图像

打开两个文档，将云图片拖曳到图像窗口中，鼠标光标变为图标，松开鼠标，云图片被移动到图像窗口中。

> **提示：** 当使用其他工具对图像进行编辑时，按 Ctrl 键，可将工具切换到"移动"工具。

2.6.2 "缩放"工具

使用Photoshop CC编辑和处理图像时，可以通过改变图像的显示比例，以使工作更便捷、高效。

1. 手动缩放图像

打开一张图像，以100%的比例显示。选择"缩放"工具，图像窗口中的光标变为放大图标，单击鼠标，图像会放大一倍，图像以200%的比例显示。按 Ctrl+ +组合键，图像会再放大，以300%的比例显示。继续单击或按快捷键，可逐次放大图像。

当要放大一个指定的区域时，在该区域按住鼠标左键不放，选中的区域会放大显示，到需要的大小后松开鼠标左键。取消勾选属性栏中的"细微缩放"复选框，可在图像上框选出矩形选区，以将选中的区域放大。

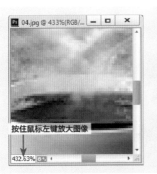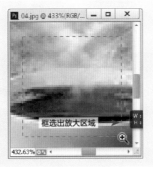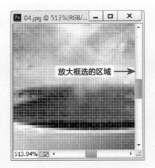

选择"缩放"工具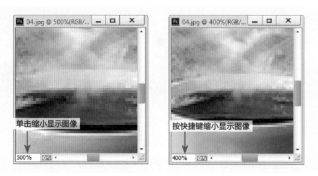，图像窗口中的鼠标光标变为"放大"工具图标，按住 Alt 键不放，光标变为"缩小"工具图标。在图像上单击，图像将缩小显示一级。按 Ctrl+ –组合键，图像会再缩小显示一级。继续单击或按快捷键，可逐次缩小图像。

在属性栏中单击"缩小工具"按钮，则光标变为"缩小"工具图标，每单击一次鼠标，图像将缩小显示一级。

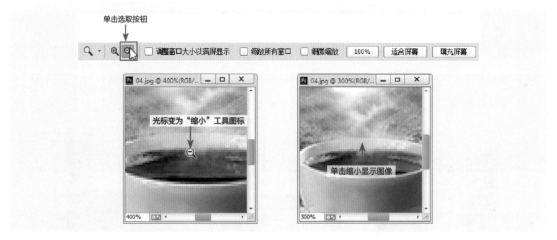

2. 属性栏按钮缩放视图

打开一张图像，选择"缩放"工具，在属性栏中单击"适合屏幕"按钮，缩放图像以适合屏幕。

单击"100%"按钮 <u>100%</u>，图像将以实际像素比例显示。选择"填充屏幕"按钮 <u>填充屏幕</u>，将图像放大填满整个图像窗口。

向下拖曳标题栏到图像窗口中，使图像窗口浮动显示。

勾选"调整窗口大小以满屏显示"复选框，单击"100%"按钮 <u>100%</u>，图像将以实际像素比例显示，且图像窗口的大小与图像的尺寸相适应。再进行放大，窗口还是和图像尺寸相适应。

2.6.3 "抓手"工具

选择"抓手"工具，图像窗口中的鼠标光标变为抓手，在放大的图像中拖曳鼠标，可以观察图像的每个部分。

> **提示：** 如果正在使用其他的工具进行工作，按住 Spacebar 键，可以快速切换到"抓手"工具。
>
> **扩展：** "抓手"工具与"移动"工具不同，"抓手"工具移动的只是图片的视图，对图像图层的位置是不会有任何影响的；而"移动"工具是移动图层的位置。

2.6.4 前景色和背景色

Photoshop 中前景色与背景色的设置图标在工具箱的底部，位于前面的是前景色，位于后面的是背景色。

1. 前景色和背景色的应用

前景色主要用于绘画工具和绘图工具绘制图形的颜色，以及"文字"工具创建的文字颜色；背景色主要用于橡皮擦擦除的区域颜色，以及加大画布时的背景颜色。

2. 修改前景色和背景色

默认情况下，前景色为黑色，背景色为白色。单击"设置前景"图标，弹出"拾色器（前景色）"对话框，直接拖曳或在选项中进行设置，单击"确定"按钮，修改前景。用相同的方法可以设置背景色。

选择"窗口 > 颜色"命令或按 F6 键，弹出"颜色"控制面板，左上角的两个色块为"设置前景色"和"设置背景色"图标。单击选取"设置前景色"图标，拖曳右侧的滑块或输入需要的数值，可修改前景色；单击选取"设置背景色"图标，拖曳右侧的滑块或输入需要的数值，可修改背景色。

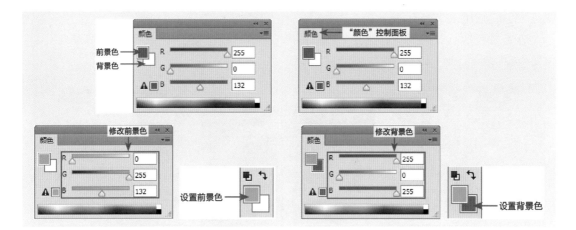

选择"窗口 > 色板"命令，弹出"色板"控制面板，在面板中选取需要的色块，修改背景色；单击"颜色"控制面板中的"设置前景色"图标，在控制面板中选取需要的色块，修改前景色。

3．切换和恢复前景色和背景色

单击"切换前景色和背景色"图标或按 X 键，可切换前景色和背景色。单击"默认前景色和背景色"图标或按 C 键，可恢复系统默认的前景色和背景色。

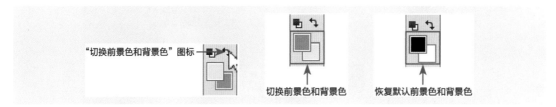

2.6.5 测量工具

Photoshop 中的测量工具可以测量图片中某一点或最多 4 点的颜色值，也可以测量坐标、尺寸和角度等。最常用的测量工具有"吸管"工具 ✏ 和"标尺"工具 ▭ 。

1．"吸管"工具

使用"吸管"工具可以测量图片中某一点或最多 4 点的颜色值，可在"信息"面板中进行查看，也可以设置前景色和背景色。

选择"窗口 > 信息"命令，弹出"信息"面板。选择"吸管"工具，将鼠标指针移到图片内需要测量的像素点上，该点的颜色值显示在"信息"面板中。

选择"吸管"工具，按住 Shift 键的同时，在图像窗口中需要的颜色上单击添加测量点，"信息"控制面板显示测量该点的颜色值。按住 Shift 键的同时，在第 2 个需要的颜色上单击再添加测量点，"信息"控制面板显示测量该点的颜色值。用相同的方法再添加两个测量点，"信息"控制面板显示测量这 2 个点的颜色值。

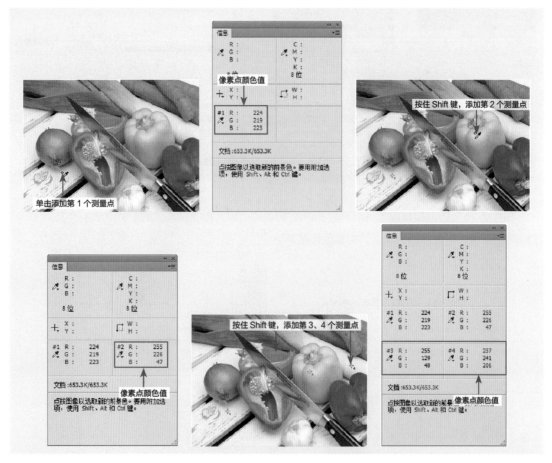

选择"吸管"工具，按住 Shift 键（或 Ctrl 键）的同时，将光标置于测量点上，光标变为图标。将测量点拖曳到图像窗口外，可删除测量点。用相同的方法删除其他测量点。

 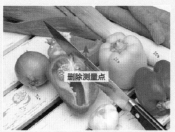 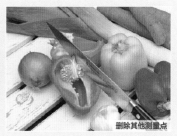

选择"吸管"工具 ，在图像窗口中需要的颜色上单击，可将该点的颜色设为前景色。按住 Alt 键的同时，在图像窗口中需要的颜色上单击，可将该点的颜色设为背景色。

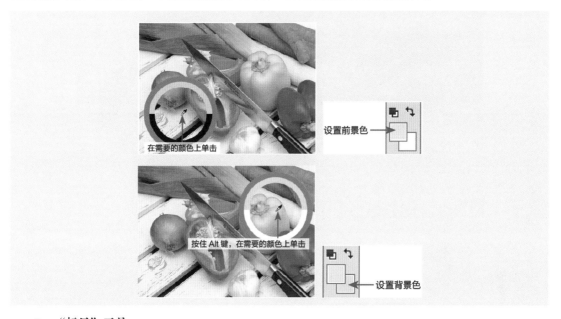

2. "标尺"工具

使用"标尺"工具可以测量坐标、尺寸和角度的数据。

选择"标尺"工具 ，在图像窗口中选取一个起点，按下鼠标左键并拖曳鼠标到需要的位置，松开鼠标左键。在属性栏和"信息"控制面板中显示坐标、尺寸和角度。单击属性栏中的"清除"按钮，可删除当前标尺。

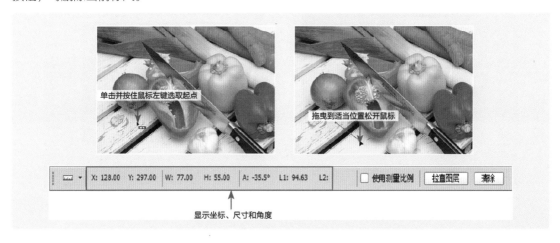

选择"标尺"工具📏，在图像窗口中绘制起点和终点坐标，单击属性栏中的"拉直图层"按钮，即可将图片沿坐标拉直。

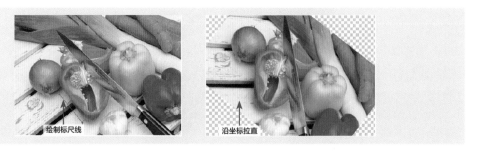

绘制标尺线　　　　　　　　沿坐标拉直

2.7 Photoshop 的辅助工具

Photoshop 的
辅助工具

　　标尺、参考线、网格和注释工具都属于辅助工具，这些工具可以将图像处理得更加精确，而实际设计任务中的许多问题也需要使用辅助工具来解决。

2.7.1 标尺的设置

1. 显示标尺

　　标尺可以确定图像或元素的位置。打开一张图像，选择"视图 > 标尺"命令或按 Ctrl+R 组合键，显示标尺。

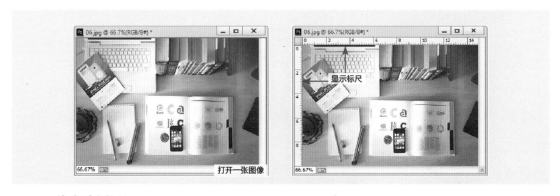

打开一张图像　　　　　　　　　显示标尺

2. 修改原点位置

　　在图像窗口中移动鼠标，可在标尺中显示光标的精确位置。默认情况下，标尺的原点位于窗口的左上角。

将光标置于原点处，单击并向右下方拖曳，画面中显示出十字线，将其拖曳到需要的位置，修改原点的位置。在原点处双击，可将标尺原点恢复到默认的位置。

3. 修改标尺单位

在标尺上单击鼠标右键，显示出单位选项，选取需要的单位，可修改标尺单位。选择"编辑 > 首选项 > 单位与标尺"命令或在标尺上双击，弹出"首选项"对话框"单位与标尺"选项卡，在"标尺"选项中可选择需要的单位，单击"确定"按钮，可修改标尺单位。

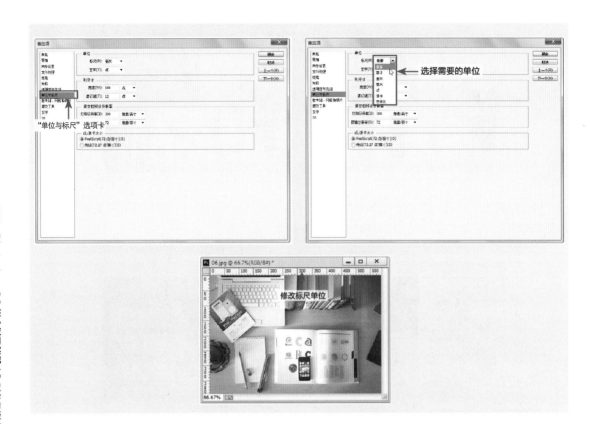

> 提示：在修改原点位置的过程中，按住 Shift 键，可以使标尺原点与标尺的刻度记号对齐。

2.7.2 参考线的设置

打开一张图像，选择"视图 > 标尺"命令或按 Ctrl+R 组合键，显示标尺。

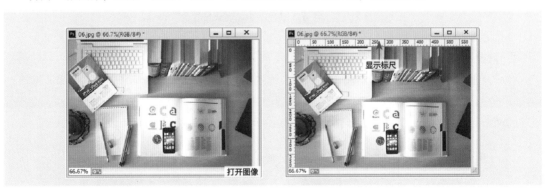

1. 拖曳添加参考线

在水平标尺上单击并向下拖曳鼠标，松开鼠标，可拖曳出水平参考线。用相同的方法可以在垂直标尺上拖曳出垂直参考线。

2．移动参考线

选择"移动"工具，将光标置于参考线上，光标变为↔图标，单击并拖曳参考线到适当的位置，可移动参考线。

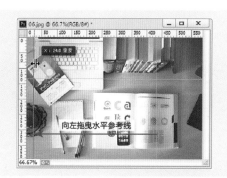

按住 Shift 键拖曳参考线，可使参考线与标尺上的刻度对齐。

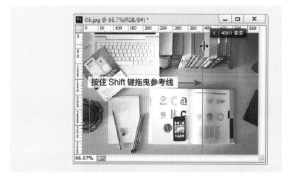

3．精确添加参考线

选择"视图 > 新建参考线"命令，弹出"新建参考线"对话框，设置需要的数值，单击"确定"

按钮，可精确新建垂直参考线。用相同的方法可以精确新建水平参考线。

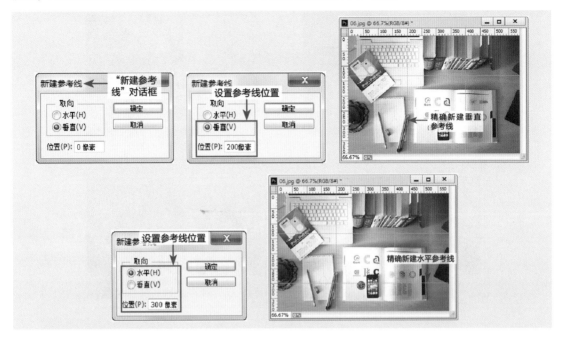

4．锁定、解锁参考线

选择"视图 > 锁定参考线"命令或按 Ctrl+Alt+；组合键，可锁定参考线，锁定后的参考线是不能移动的。再次选择"视图 > 锁定参考线"命令或按 Ctrl+Alt+；组合键，可解锁参考线。

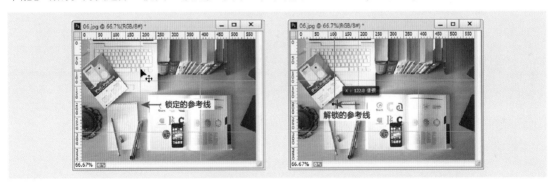

5．显示、隐藏参考线

选择"视图 > 显示 > 参考线"命令或按 Ctrl+；组合键，隐藏参考线。再次选择"视图 > 显示 > 参考线"命令或按 Ctrl+；组合键，显示参考线。

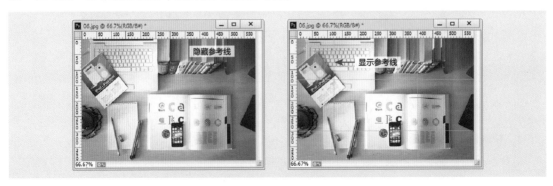

6. 清除参考线

将参考线拖曳回标尺上，松开鼠标，清除参考线。

选择"视图 > 清除参考线"命令，清除图像窗口中所有的参考线。

2.7.3　智能参考线

打开一张图像，选择"视图 > 显示 > 智能参考线"命令，启用智能参考线。选择"移动"工具 📥，移动需要的图片，可通过显示的智能参考线对齐图形。

提示： 智能参考线是一种智能化的参考线，只有在进行移动、对齐等操作时才会出现。

2.7.4　网格线的设置

1. 显示网格线

打开一张图像，选择"视图 > 显示 > 网格"命令或按 Ctrl+' 组合键，显示网格。

选择"移动"工具 ⊞，拖曳图片到适当的位置。

2. 设置网格线

默认状态下，"视图 > 对齐到 > 网格"命令是启用状态的。选择"编辑 > 首选项 > 参考线、网格和切片"命令，弹出"首选项"对话框"参考线、网格和切片"选项卡，按需要进行设置，单击"确定"按钮，设置参考线。选择"视图 > 显示 > 网格"命令或按 Ctrl+'组合键，隐藏网格。

2.7.5 "注释"工具

使用"注释"工具可在图像的任一位置标记制作说明或其他有用信息。

1. 添加注释

打开一张图像,选择"注释"工具⬛,在属性栏中的"作者"选项文本框中输入需要的文字。

在图像中单击鼠标左键,弹出图像的"注释"控制面板,在面板中输入注释文字。用相同的方法再添加两个注释。

2. 查看注释

双击注释图标,可弹出"注释"控制面板查看注释内容。

单击面板中的"选择上一个注释"按钮⬅,可查看上一个注释。单击面板中的"选择下一个注释"按钮➡,可查看下一个注释。

3. 关闭注释

选取需要的注释图标,并单击鼠标右键,在弹出的菜单中选择"关闭注释"命令,可关闭注释。

4．删除注释

单击面板中的"删除注释"按钮 ，弹出提示对话框，单击"是"按钮，删除注释。

在注释图标上单击鼠标右键，在弹出的菜单中选择"删除所有注释"命令，弹出提示对话框，单击"确定"按钮，删除所有注释。

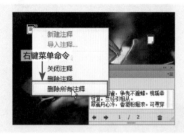

2.8 Photoshop 的还原操作

Photoshop 的
还原操作

在绘制和编辑图像的过程中，经常会错误地执行一个步骤或对制作的一系列效果不满意。当希望恢复到前一步或原来的图像效果时，可以使用恢复操作命令。

2.8.1 "还原"命令

打开图像并对其进行编辑，选择"编辑 > 还原"命令或按 Ctrl+Z 组合键，可以恢复到图像的上一步操作。再按 Ctrl+Z 组合键，可还原图像到恢复前的效果。

连续选择"编辑 > 后退一步"命令或者连续按Ctrl+Alt+Z组合键,可逐步撤销操作。连续选择"编辑 > 前进一步"命令或连续按Ctrl+Shift+Z组合键,可逐步恢复被撤销的操作。

选择"文件 > 恢复"命令,可直接将文件恢复到最后一次保存时的状态。若没有保存过,会恢复到打开时的最初状态。

2.8.2 中断操作

当Photoshop CC正在进行图像处理时,按Esc键,即可中断正在进行的操作。

2.8.3 "历史记录"控制面板

通过"历史记录"控制面板可以将进行过多次处理操作的图像恢复到任一步操作时的状态,即所谓的"多次恢复功能"。

选择"窗口 > 历史记录"命令,弹出"历史记录"控制面板。

控制面板下方的按钮从左至右依次为"从当前状态创建新文档"按钮、"创建新快照"按钮和"删除当前状态"按钮。

单击控制面板右上方的图标,弹出"历史记录"控制面板的下拉命令菜单。

前进一步:用于将滑块向下移动一位。

后退一步:用于将滑块向上移动一位。

新建快照：用于根据当前滑块所指的操作记录建立新的快照。

删除：用于删除控制面板中滑块所指的操作记录。

清除历史记录：用于清除控制面板中除最后一条记录外的所有记录。

新建文档：用于由当前状态或者快照建立新的文件。

历史记录选项：用于设置"历史记录"控制面板。

关闭和关闭选项卡组：用于关闭"历史记录"控制面板和控制面板所在的选项卡组。

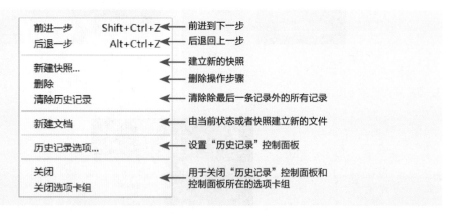

选择"编辑 > 首选项 > 性能"命令，弹出相应的对话框。在"历史记录状态"选项中设置需要的数值，单击"确定"按钮，可设置恢复的步骤数。可设置的最大步骤数为 1 000，最小步骤数为 1。

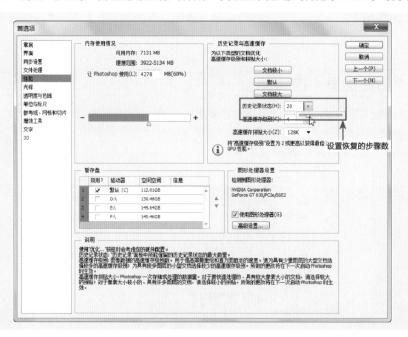

提示：历史记录的步骤数越多，占用的内存就越多，处理图像的速度就会相应地变慢，影响工作效率。只有合理设置步骤数，才能使工作更加便捷、快速。

第 3 章

03

图层

我们日常看到的精美设计作品是由多个设计元素叠加组合而成的，想要组合编辑多个设计元素就必须掌握 Photoshop 的图层编辑功能和使用方法。应用好图层丰富的图像合成功能，可以设计制作出多样的图像创意作品。

本章介绍

课堂学习目标

了解图层的概念和原理。

了解"图层"控制面板。

熟练掌握图层的使用方法。

3.1 图层的概念

认识图层

在Photoshop中，一张精美的设计作品可以由多个图层中的设计元素叠加组合而成。单个图层中的设计元素可以是文本、图形、图像等。可以对单个图层进行编辑而不影响到其他图层的元素。

提示： 上面图层中的设计元素会遮挡下面图层中的设计元素。PSD 格式是 Photoshop 专用的含有多个图层的存储格式。

44

3.2 图层的原理

可以将一个图层视为一张透明胶片，多个图层就是多张叠起来的透明胶片，每张透明胶片上都可以包含不同的设计元素，通过编辑透明胶片的顺序和设计元素，可以改变设计作品的最终效果。

3.3 "图层"控制面板

按 F7 键，可隐藏或显示"图层"控制面板。默认状态下，"图层"控制面板显示于界面的右下角，主要用于叠放和编辑图层。

3.3.1 控制面板

"图层"控制面板中包括很多选项和按钮，下面依次进行介绍。

选择图层类型：可以选择需要筛选的图层类型。也可以通过右侧的按钮单独或组合筛选需要的图层类型。

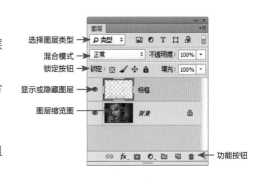

混合模式：可以根据混合需要选择需要的混合模式。

不透明度：可以设置图层的总体不透明度。

锁定按钮：可通过右侧的按钮根据需要单独或组合锁定图层的透明度、图像、位置和全部。

填充：可以设置图层的内部不透明度。

图层的叠放区域：左侧的眼睛图标可以显示或隐藏图层。右侧依次显示图层缩览图、图层名称、图层锁定状态等。

功能按钮：依次为"链接图层"按钮、"添加图层样式"按钮、"添加图层蒙版"按钮、"创建新的填充或调整图层"按钮、"创建新组"按钮、"创建新图层"按钮和"删除图层"按钮。

"链接图层"按钮：使所选图层和当前图层成为一组，当对一个链接图层进行操作时，将影响一组链接图层。

"添加图层样式"按钮：可以为当前图层添加图层样式效果。

"添加图层蒙版"按钮：可以在当前图层上创建一个蒙版。

"创建新的填充或调整图层"按钮：可对图层进行颜色填充和效果调整。

"创建新组"按钮：可以新建一个文件夹，可在其中放入图层。

"创建新图层"按钮：可以在当前图层的上方创建一个新图层。

"删除图层"按钮：即垃圾桶，可以将不需要的图层拖曳到此处进行删除。

3.3.2 图层命令菜单

单击"图层"控制面板右上方的图标，弹出其命令菜单，可对图层进行创建、编辑和管理等操作。

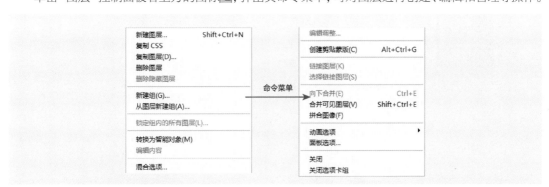

3.3.3 图层缩览图显示

在"图层"控制面板的空白处单击鼠标右键，在弹出的菜单中选择需要的命令，可以调整图层的缩览图显示方式。在命令菜单中选择"面板选项"命令，在弹出的对话框中也可以选择需要的缩览图显示方式。

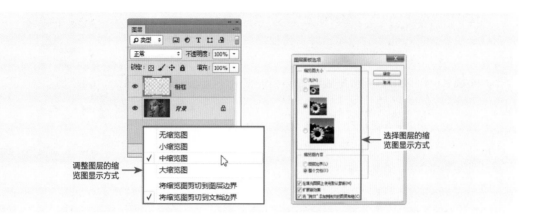

3.4 使用图层

3.4.1 图层的类型

Photoshop 中可以创建不同的图层类型，它们具有不同的功能、用途和显示状态。

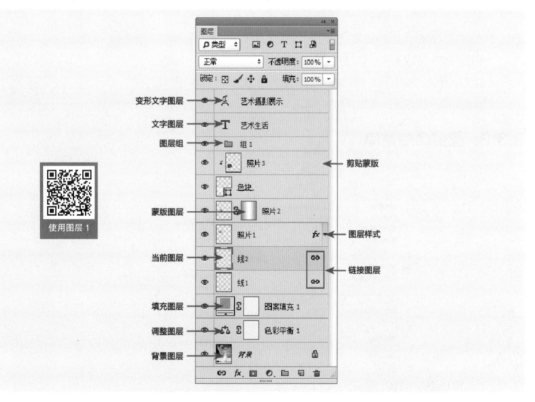

使用图层 1

背景图层：新建文档时创建的图层，始终位于图层的最下方，为锁定状态。

调整图层：可以重复编辑的调整图像的图层。

填充图层：填充了纯色、渐变或图案的特殊图层。

链接图层：链接在一起的多个图层。

当前图层：当前选取的图层。

蒙版图层：添加了图层蒙版的图层。

图层样式：添加了图层样式的图层。

剪贴蒙版：用一个图层对象形状来控制其他图层的显示区域。

图层组：用来组织和管理图层组合。

文字图层：使用"文字"工具输入文字时创建的图层。

变形文字图层：使用变形处理后的文字图层。

3.4.2　创建图层

1．使用控制面板弹出式菜单

打开一个图像，显示"图层"控制面板。单击"图层"控制面板右上方的图标，弹出其命令菜单，选择"新建图层"命令，弹出"新建图层"对话框。

在对话框中分别设置图层的名称、颜色、模式和不透明度，单击"确定"按钮，新建图层。

2．使用控制面板按钮或快捷键

单击"图层"控制面板下方的"创建新图层"按钮，可以创建一个新图层。

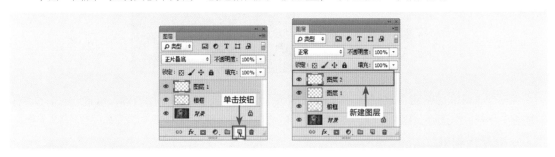

按住 Alt 键的同时，单击"创建新图层"按钮，将弹出"新建图层"对话框，设置相应的选项，单击"确定"按钮，新建图层。

3. 使用"图层"菜单命令或快捷键

选择"图层 > 新建 > 图层"命令，或按 Shift+Ctrl+N 组合键，弹出"新建图层"对话框，设置相应的选项，单击"确定"按钮，新建图层。

打开一张图像，在适当的位置绘制选区，显示"图层"控制面板。

选择"图层 > 新建 > 通过拷贝的图层"命令，或按 Ctrl+J 组合键，可将选区中的图像复制到一个新的图层中，移动图像后，原图层内容保持不变。

若选择"图层 > 新建 > 通过剪切的图层"命令，或按 Ctrl+Shift+J 组合键，可将选区中的图像剪切到一个新的图层中，移开图像后，原图像的位置由背景色填充。

4. 创建背景图层

打开一张图像，在"图层"控制面板中双击"背景"图层，弹出"新建图层"对话框，单击"确定"按钮，将其转换为普通图层。

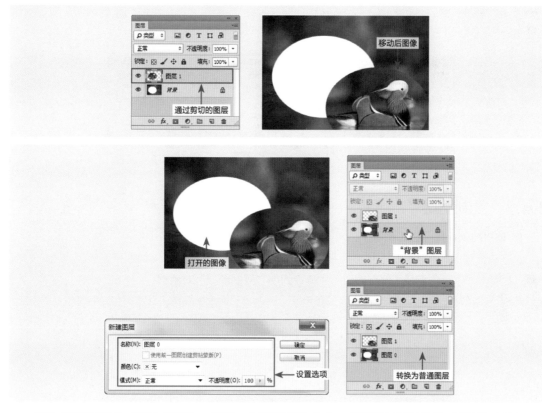

选取需要的图层，选择"图层 > 新建 > 图层背景"命令，将所选图层转换为"背景"图层。

3.4.3　修改图层名称和颜色

　　打开一个图像，显示"图层"控制面板。双击图层名称使其处于可编辑状态，将其命名为"下图"。用相同的方法修改其他图层名称。

选取"中图"图层，在图层上单击鼠标右键，在弹出的菜单中选择需要的颜色选项，图层颜色即被修改。

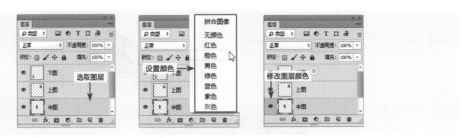

3.4.4　复制图层

1．使用控制面板弹出式菜单

打开一个图像，在"图层"控制面板中选取要复制的图层。单击"图层"控制面板右上方的图标，在弹出的菜单中选择"复制图层"命令，弹出"复制图层"对话框。

在对话框中设置复制图层的名称且没有修改文档名称，单击"确定"按钮，将在原文件中复制图层。

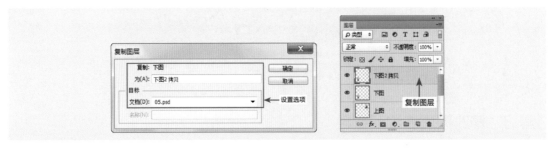

若设置"文档"选项为其他文档，单击"确定"按钮，可在选取的文档中生成复制的图层。

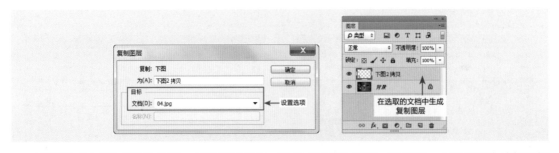

若设置"文档"选项为新建，并设置了名称，单击"确定"按钮，可新建一个文档并生成复制的图层。

2. 使用控制面板按钮

将需要复制的图层拖曳到控制面板下方的"创建新图层"按钮 上，可以将所选的图层复制为一个新图层。

3. 使用菜单命令

选择"图层 > 复制图层"命令，弹出"复制图层"对话框，设置相应的选项，单击"确定"按钮，复制图层。

4. 使用鼠标拖曳的方法复制不同图像之间的图层

打开目标图像和需要复制的图像，将需要复制的图像中的图层直接拖曳到目标图像的图像窗口中，松开鼠标，图层复制完成。

3.4.5　删除图层

1. 使用控制面板弹出式菜单

打开一个图像，在"图层"面板中选取要删除的图层。单击"图层"控制面板右上方的图标 ，在弹出的菜单中选择"删除图层"命令，弹出提示对话框，单击"是"按钮，可删除选取的图层。

2. 使用控制面板按钮

单击"图层"控制面板下方的"删除图层"按钮 ，弹出提示对话框，单击"是"按钮，可删除选取的图层。

将需要删除的图层直接拖曳到"删除图层"按钮 上，删除图层。

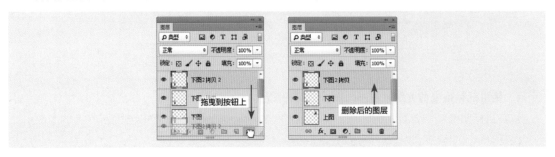

3. 使用菜单命令

选择"图层 > 删除 > 图层"命令，弹出提示对话框，单击"是"按钮，可删除图层。

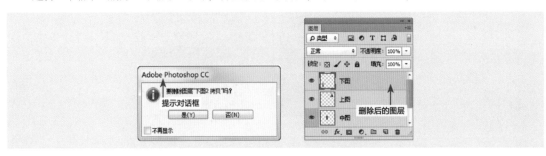

3.4.6 图层的显示和隐藏

打开一个图像，在"图层"控制面板中，单击要隐藏图层左侧的眼睛图标👁，可以隐藏该图层。

单击隐藏图层左侧的空白图标▢，可以显示该图层。

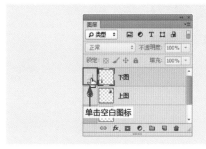

按住 Alt 键的同时，在"图层"控制面板中，单击图层左侧的眼睛图标👁，将只显示这个图层，其他图层被隐藏。

再次按住 Alt 键的同时，单击图层左侧的眼睛图标👁，将显示所有图层。

将需要隐藏的图层同时选取，选择"图层 > 隐藏图层"命令，可隐藏选取的图层。选择"图层 > 显示图层"命令，显示选取的图层。

使用图层 2

3.4.7 图层的选择、链接和排列

1. 选择图层

打开一个图像，单击"03"图层，可以选择这个图层。

若按住 Ctrl 键的同时，单击"02"图层，可选取"02"和"03"这两个不相连的图层。多次单击可选取多个不相连的图层。

若按住 Shift 键的同时，单击"02"图层，可选取"03"和"02"之间的所有图层。再次单击一个图层，可单选这个图层。

选择"移动"工具 ，在需要的图像上单击鼠标右键，在弹出的菜单中选择需要的选项，可选择图层。

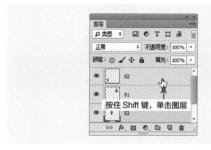

选择"移动"工具 ，在属性栏中勾选"自动选择"复选框，在图像窗口中单击需要的图像，可选取图像所在的图层。

2. 链接图层

当要同时对多个图层中的图像进行移动、变换或创建剪贴蒙版操作时，可以将多个图层进行链接，方便操作。

选中要链接的图层，单击"图层"控制面板下方的"链接图层"按钮 ，选中的图层被链接。再次单击"链接图层"按钮 ，可取消链接。

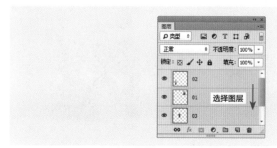

3. 排列图层

打开一张图像，在"图层"控制面板中选取"建筑 3"图层。将其拖曳到"建筑 1"图层的下方，松开鼠标，调整图层。

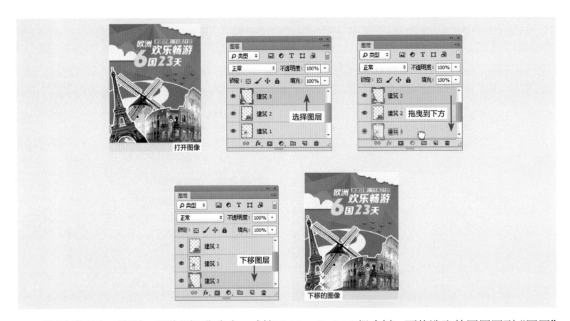

选择"图层 > 排列 > 置为顶层"命令，或按 Shift +Ctrl+] 组合键，可将选取的图层置到"图层"控制面板的最上方。

选择"图层 > 排列 > 后移一层"命令，或按 Ctrl+ [组合键，可将选取的图层向后移动一层。

选择"图层 > 排列 > 前移一层"命令，或按 Ctrl+] 组合键，可将选取的图层向前移动一层。

选择"图层 > 排列 > 置为底层"命令，或按 Shift +Ctrl+ [组合键，可将选取的图层置到除了背景图层以外的所有图层的下方。

3.4.8 对齐和分布图层

打一张图像，按住 Ctrl 键的同时，单击"02"和"03"2 个图层，将"02""01"和"03"3

个图层同时选取。

1. 对齐图层

若选择"图层 > 对齐 > 顶边"命令，可将选定图层的顶端像素与所有选定图层的最顶端像素对齐。

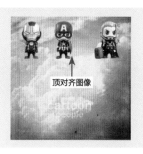

若选择"图层 > 对齐 > 垂直居中"命令，可将每个选定图层的垂直中心像素与所有选定图层的垂直中心像素对齐。

若选择"图层 > 对齐 > 底边"命令，可将选定图层的底端像素与所有选定图层的最底端像素对齐。

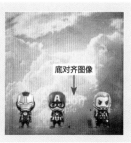

若选择"图层 > 对齐 > 左边"命令，可将选定图层的左侧像素与所有选定图层的最左侧像素对齐。

若选择"图层 > 对齐 > 水平居中"命令，可将选定图层的水平中心像素与所有选定图层的水平中心像素对齐。

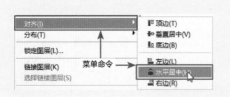

若选择"图层 > 对齐 > 右边"命令，可将选定图层的右侧像素与所有选定图层的最右侧像素对齐。

若选择"矩形选框"工具，在适当的位置绘制矩形选区，选取需要的图层。选择"图层 > 将图层与选区对齐 > 顶边"命令，可基于选区对齐所选图层的对象。用相同的方法可对齐选区的其他区域。

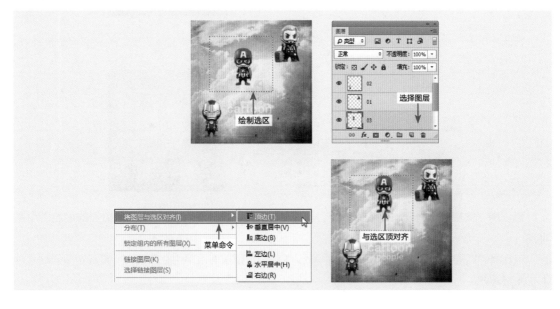

2. 分布图层

若选择"图层 > 分布 > 顶边"命令，可从每个图层的顶端像素开始，间隔均匀地分布图层。

若选择"图层 > 分布 > 垂直居中"命令，可从每个图层的垂直中心像素开始，间隔均匀地分布图层。

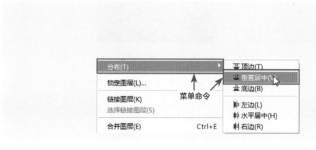

若选择"图层 > 分布 > 底边"命令，可从每个图层的底端像素开始，间隔均匀地分布图层。

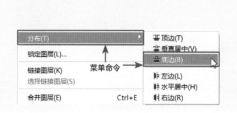

若选择"图层 > 分布 > 左边"命令，可从每个图层的左侧像素开始，间隔均匀地分布图层。

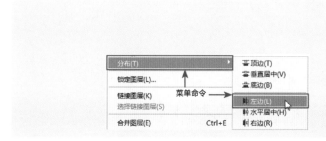

若选择"图层 > 分布 > 水平居中"命令，可从每个图层的水平中心像素开始，间隔均匀地分布图层。

若选择"图层 > 分布 > 右边"命令，可从每个图层的右侧像素开始，间隔均匀地分布图层。

水平居中分布图像

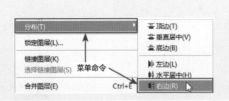

右边分布图像

提示：若当前选择"移动"工具 ![],可单击属性栏中的 ![] 按钮来进行对齐和分布图层操作。

3.4.9 合并图层

1. 向下合并

打开一张图像，单击"图层"控制面板右上方的图标 ![],在弹出的菜单中选择"向下合并"命令，或按 Ctrl+E 组合键，向下合并图层。

向下合并图层

2. 合并可见图层

打开一张图像，单击"图层"控制面板右上方的图标 ![],在弹出的菜单中选择"合并可见图层"命令，或按 Shift+Ctrl+E 组合键，合并所有可见图层。

合并所有可见图层

3. 拼合图像

打开一张图像，单击"图层"控制面板右上方的图标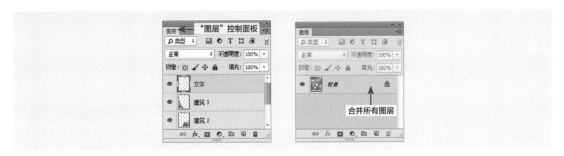，在弹出的菜单中选择"拼合图像"命令，合并所有的图层。

3.4.10 图层组

当编辑多层图像时，为了方便操作，可以将多个图层建立在一个图层组中。

1. 使用弹出式菜单创建图层组

打开一张图像，单击"图层"控制面板右上方的图标，在弹出的菜单中选择"新建组"命令，弹出"新建组"对话框，单击"确定"按钮，新建一个图层组。

2. 拖曳对象放置到图层组中

选中要放置到组中的多个图层，将其向图层组中拖曳，松开鼠标，选中的图层被放置到图层组中。

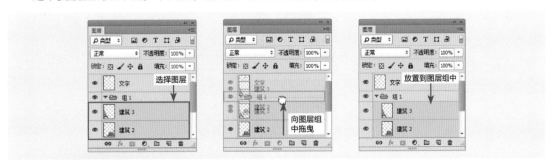

3. 隐藏图层组内容

单击"组 1"左侧的倒三角图标▼，将组 1 图层组中的图层隐藏。

4. 通过面板按钮和命令创建图层组

单击"图层"控制面板下方的"创建新组"按钮▢，可以新建图层组。选择"图层 > 新建 > 组"命令，弹出"新建组"对话框，设置相应的选项，单击"确定"按钮，也可新建图层组。

选中要放置在图层组中的所有图层，按 Ctrl+G 组合键，自动生成新的图层组。

5. 取消图层编组

选择"图层 > 取消图层编组"命令，或按 Shift+Ctrl+G 组合键，取消图层编组。

3.4.11 智能对象

智能对象是一个嵌入当前文档中的图像或矢量图，它能够保留对象的源文件和所有的原始特征。因此，在 Photoshop 中进行处理时，不会影响到原始对象。

1. 转换为智能对象

打开一张图像，选取"海星"图层。选择"图层 > 智能对象 > 转换为智能对象"命令，将普通图层转换为智能对象。

复制两个"海星"图层并调整其前后顺序。选择"移动"工具 ▶+，调整其位置、大小和角度。

2．替换智能对象

选择"图层 > 智能对象 > 替换内容"命令，弹出"置入"对话框，选取需要的文件，单击"置入"按钮，置入替换内容。

> **提示**：替换智能对象时，将保留对前一个智能对象应用的变形、缩放、旋转或效果。

3．编辑智能对象

双击智能对象的缩览图，弹出提示对话框，单击"确定"按钮，在新窗口中打开智能对象的源文件。

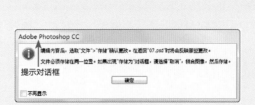

单击"图层"控制面板下方的"创建新的填充或调整图层"按钮 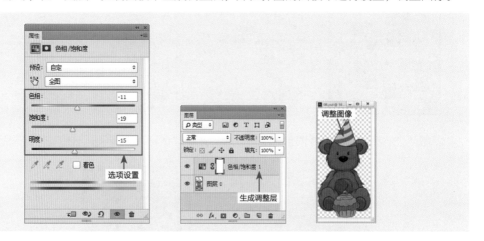 选项设置，在弹出的菜单中选择"色相/饱和度"命令，在"图层"控制面板中生成调整层，并在弹出的面板中进行设置，调整图像。

　　关闭文件并弹出提示对话框，单击"是"按钮，确认修改，文件中的智能对象自动更新。

4. 创建智能对象

　　选取"海螺"图层并将其删除，打开素材文件夹，并将"09"文件直接拖曳到 Photoshop 中。

　　弹出提示对话框，单击"确定"按钮，导入图形，按 Enter 键确认操作，导入的图形直接创建为智能对象。

5. 栅格化智能对象

　　在智能对象图层上单击鼠标右键，在弹出的菜单中选择"栅格化图层"命令，可将智能对象图层转化为普通图层。

3.4.12　图层复合

图层复合可将同一文件中的不同图层效果组合并另存为多个"图层效果组合"，可以更加方便、快捷地展示和比较不同图层组合设计的视觉效果。

1.　"图层复合"控制面板

打开一张图像，选择"窗口 > 图层复合"命令，弹出"图层复合"控制面板。

2. 创建图层复合

单击"图层复合"控制面板右上方的图标 ，在弹出式菜单中选择"新建图层复合"命令，弹出"新建图层复合"对话框，单击"确定"按钮，建立"图层复合 1"，所建立的"图层复合 1"中存储的是当前的制作效果。

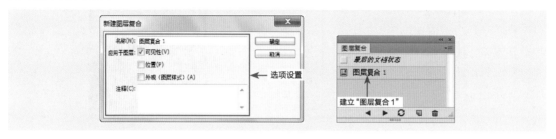

3. 应用和查看图层复合

再对图像进行修饰和编辑，选择"新建图层复合"命令，建立"图层复合 2"，所建立的"图层复合 2"中存储的是修饰、编辑后的制作效果。

4. 导出图层复合

在"图层复合"控制面板中，单击"图层复合 1"左侧的方框，显示 图标，可以观察"图层复合 1"中的图像；单击"图层复合 2"左侧的方框，显示 图标，可以观察"图层复合 2"中的图像。

单击"应用选中的上一图层复合"按钮 和"应用选中的下一图层复合"按钮 ，可以快速地对两次的图像编辑效果进行比较。

第4章

图像

图像在我们的生活中随处可见，想要编辑和处理好图像，就必须掌握数字图像的类型、特点、获取方式、文件格式和编辑技巧。通过对多种类型数字图像的编辑和处理，可以不断提升数字图像处理的专业性和工作效率。

本章介绍

课堂学习目标

认识数字图像。

掌握数字图像的编辑技巧。

4.1 认识数字图像

4.1.1 传统图像与数字图像

认识数字图像

在生活中常见的图像一般分为两种：传统图像和数字图像。

1. 传统图像

通常在纸质媒介上印刷或绘制的图像，称为"传统图像"，我们常见的报纸、杂志、书籍上出现的图像，都属于传统图像。

传统图像

2. 数字图像

在数字媒介上显示的图像，称为"数字图像"，我们常见的计算机、数码相机、手机、平板电脑上显示的图像，都属于数字图像。

数字图像

> **提示：** 传统图像与数字图像可以相互转换，传统图像通过数码相机翻拍或者扫描仪扫描，可以转为数字图像；数字图像通过打印或印刷可以转为传统图像。

4.1.2 数字图像的类型

数字图像可以分为两种类型：位图和矢量图。一般把位图称为"图像"，把矢量图称为"图形"。

1. 位图

位图是由一个一个像素点构成的数字图像。由数码相机和手机拍摄的照片，或者由扫描仪扫描后的数字图像，都是位图。在 Photoshop 中打开图像，使用"缩放"工具把图像放大，可清晰看到一个一个的小方块，一个方块就是一个像素点，由多个不同颜色的像素点进行组合就构成了一幅精美的位图。

2. 矢量图

矢量图是由计算机软件生成的，是用数学方法描绘的数字图像。一幅完整的矢量图作品是通过对点、线、面等矢量图形的绘制、编辑、填色及组织来完成的。常用的矢量图绘制软件包括Illustrator、CorelDRAW。

4.1.3 数字图像的特点

位图和矢量图各自的特点都比较鲜明，一般会根据设计任务的需要来选择和使用这两种数字图像。

1. 位图的特点

（1）位图可以表现色彩丰富、层次复杂的图像效果。

（2）位图放大后，会出现模糊的效果，并且能看到像素点。

（3）位图是由像素点组成的，单位长度内像素点越多，图像质量越好，文件越大。

（4）位图在印刷时，输出图像的分辨率取决于开始时位图设置的分辨率高低。

位图常用的设计领域包括插画设计、广告设计、出版物设计、包装设计、品牌设计、网页设计、UI 设计等。

2. 矢量图的特点

（1）对矢量图进行任意缩放、旋转等操作后，图形一直保持清晰，不会变模糊。

（2）矢量图中包含的是点、线、面等矢量图形信息，文件较小。

（3）矢量图在印刷时，可以按最高分辨率输出印刷。

（4）要绘制出逼真度同照片一样的矢量图非常困难，需要较高的绘图技巧和绘画能力。

（5）矢量图表现的图形和色彩相对简单，很难产生色彩丰富、层次复杂的图像效果。

矢量图常用的设计领域包括图案设计、插画设计、字体设计、标志设计、VI 设计、UI 设计等。

4.1.4　获取数字图像

数字图像的获取方式比较多，下面主要介绍 4 种获取方式。

1. 网络获取

通过网络下载获取，如通过正版数字图像授权服务商网站付费下载，通过免费数字图像素材下载网站下载。

2. 拍摄获取

通过数码相机和手机拍摄所需的内容，获取数字图像。

3. 扫描获取

通过普通扫描仪和专业高精度的各类型扫描仪来扫描传统图像，获取数字图像。

4. 生成获取

通过图像图形设计软件和三维绘图软件的绘制生成，获取数字图像。

4.1.5　数字图像的转换

在 Illustrator 软件中，打开一张矢量图。选择"文件 > 导出"命令，弹出"导出"对话框，设置文件名和保存类型，单击"保存"按钮，将图片导出为 JPG 格式。弹出"JPEG 选项"对话框，单击"确定"按钮，将矢量图导出成位图。

在 Illustrator 软件中新建一个文件。选择"文件 > 置入"命令，弹出"置入"对话框，选择需要置入的图片，单击"置入"按钮，置入一张位图。单击属性栏中的"嵌入"按钮，嵌入图片。单击"图像描摹"按钮，描摹图像，将位图转换为矢量图。

4.1.6　图像文件格式

当用 Photoshop CC 制作或处理好一幅图像后，就要进行存储。这时，选择一种合适的文件格式就显得十分重要。Photoshop CC 有 20 多种文件格式可供选择。在这些文件格式中，既有 Photoshop CC 的专用格式，也有用于应用程序交换的文件格式，还有一些比较特殊的格式。下面将介绍几种常用的文件格式。

1. PSD 格式

PSD 格式和 PDD 格式是 Photoshop CC 自身的专用文件格式，能够支持从线图到 CMYK 的所有图像类型，但由于在一些图形处理软件中不能很好地支持，所以其通用性不强。PSD 格式和 PDD 格式能够保存图像数据的细小部分，如图层、附加的遮膜通道等 Photoshop CC 对图像进行特殊处理的信息。在没有最终决定图像存储的格式前，最好先以这两种格式存储。另外，Photoshop CC 打开和存储这两种格式的文件比其他格式更快。但是这两种格式也有缺点，就是它们所存储的图像文件量大，占用的磁盘空间较多。

2. TIFF 格式

TIFF 格式是标签图像格式。TIFF 格式对于色彩通道图像来说是最有用的格式，具有很强的可移植性，它可以用于 PC、Macintosh 及 UNIX 工作站 3 大平台，是这 3 大平台上使用最广泛的绘图格式。

使用 TIFF 格式存储时应考虑到文件的大小，因为 TIFF 格式的结构要比其他格式更复杂。但 TIFF 格式支持 24 个通道，能存储多于 4 个通道的文件格式。TIFF 格式还允许使用 Photoshop CC 中的复杂工具和滤镜特效。TIFF 格式非常适合于印刷和输出。

3. BMP 格式

BMP 是 Windows Bitmap 的缩写。它可以用于绝大多数 Windows 下的应用程序。

BMP 格式使用索引色彩，它的图像具有极为丰富的色彩，并可以使用 16 MB 色彩渲染图像。BMP 格式能够存储黑白图、灰度图和 16 MB 色彩的 RGB 图像等。此格式一般在多媒体演示、视频输出等情况下使用，但不能在 Macintosh 程序中使用。在存储 BMP 格式的图像文件时，还可以进行无损失压缩，这样能够节省磁盘空间。

4. GIF 格式

GIF 是 Graphics Interchange Format 的缩写。GIF 格式的图像文件容量比较小。正因为这样，一般用这种格式的文件来缩短图形的加载时间。如果在网络中传送图像文件，GIF 格式的图像文件要比其他格式的图像文件快得多。

5. JPEG 格式

JPEG 是 Joint Photographic Experts Group 的缩写，中文意思为联合摄影专家组。JPEG 格式既是 Photoshop CC 支持的一种文件格式，也是一种压缩方案。它是 Macintosh 上常用的一种存储类型。JPEG 格式是压缩格式中的"佼佼者"，与 TIFF 文件格式采用的 LIW 无损失压缩相比，它的压缩比例更大。但它使用的有损失压缩会丢失部分数据。用户可以在存储前选择图像的最后质量，这就能控制数据的损失程度。

6. EPS 格式

EPS 是 Encapsulated Post Script 的缩写。EPS 格式是 Illustrator CC 和 Photoshop CC 之间可交换的文件格式。Illustrator 软件制作出来的流动曲线、简单图形和专业图像一般都存储为 EPS 格式。Photoshop 可以获取这种格式的文件。在 Photoshop CC 中，也可以把其他图形文件存储为 EPS 格式，在排版类的 PageMaker 和绘图类的 Illustrator 等其他软件中使用。

7. 选择合适的图像文件存储格式

可以根据工作任务的需要选择合适的图像文件存储格式，下面就根据图像的不同用途介绍应该选择的图像文件存储格式。

用于印刷：TIFF、EPS。

出版物：PDF。

Internet 图像：GIF、JPEG、PNG。

用于 Photoshop CC 工作：PSD、PDD、TIFF。

4.2 编辑数字图像

4.2.1 图像大小

编辑数字图像

使用"图像大小"命令可以调整图像的像素尺寸、打印尺寸和分辨率，会影响图像在屏幕上的显示大小、质量、打印特性及存储空间。

1. 打开对话框

打开一张图像，选择"图像 > 图像大小"命令，弹出"图像大小"对话框。

2. 调整预览图像

在预览图像上单击并拖曳鼠标，可定位显示中心，同时下方显示出图像百分比。按住 Ctrl 键的同时，预览图像中的鼠标光标变为 ⊕ 图标，单击可增大显示比例。按住 Alt 键的同时，预览图像中的鼠标光标变为 ⊖ 图标，单击可减小显示比例。

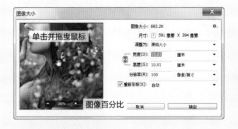

3. 按比例调整像素总数

将"宽度"选项设为10，"高度"选项按比例变小，分辨率不变，图像大小变小，整个图像画质不变。将"宽度"选项设为30，"高度"选项按比例变大，分辨率不变，图像大小变大，整个图像画质下降。

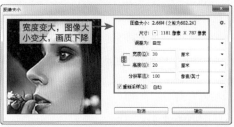

将"分辨率"选项设为50，"宽度"和"高度"选项保持不变，图像大小变小，整个图像画质下降。将"分辨率"选项设为200，"宽度"和"高度"选项保持不变，图像大小变大，整个图像画质不变。

4. 不改变图像中的像素总数

取消勾选"重新采样"复选框，将"宽度"选项设为10，"高度"选项按比例变小，分辨率变大，图像大小保持不变，整个图像画质不变；将"宽度"选项设为30，"高度"选项按比例变大，分辨率变小，图像大小保持不变，整个图像画质不变。

将"分辨率"选项设为40，"宽度"和"高度"选项变大，图像大小保持不变，整个图像画质不变。将"分辨率"选项设为200，"宽度"和"高度"选项变小，图像大小不变，整个图像画质不变。

4.2.2 画布大小

图像画布尺寸的大小是指当前图像周围的工作空间的大小。

1. 打开对话框

打开一张图像，选择"图像 > 画布大小"命令，弹出"画布大小"对话框。

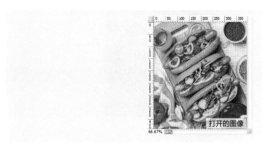 

2. 定位调整画布

将"定位"选项调整到靠左中间的位置，将"宽度"选项设为 494，"高度"选项设为 641，单击"确定"按钮。

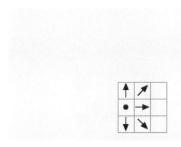  

将"定位"选项调整到中间的位置，将"宽度"选项设为 494，"高度"选项设为 641，单击"确定"按钮。

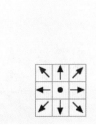  

将"定位"选项调整到右上角的位置，将"宽度"选项设为 494，"高度"选项设为 641，单击"确定"按钮。

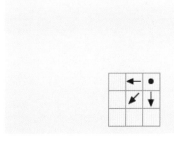  

3．改变画面颜色

将"定位"选项调整到上方中间的位置，将"宽度"选项设为 494，"高度"选项设为 641，"画布扩展颜色"选项设为"红色"，单击"确定"按钮。

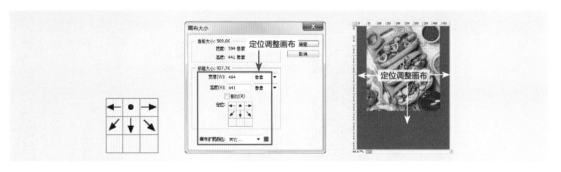

4.2.3　查看图像

1．用"导航器"面板查看图像

打开一张图像，将其放大到 300%。选择"窗口 > 导航器"命令，弹出"导航器"控制面板，中心的红色矩形框为代理预览区域。

将光标置于代理预览区域内，拖曳鼠标，可移动图像窗口中的图像区域。

在左下角的缩放文本框中设置数值为 150%，按 Enter 键确认操作。

向左拖曳下方的缩放滑块，可缩小图像。

2．多窗口查看图像

当打开多个图像文件时，会出现多个图像窗口，这就需要对窗口进行布置和摆放。

同时打开多幅图像，按 Tab 键，关闭操作界面中的工具箱和控制面板。

选择"窗口 > 排列 > 全部垂直拼贴"命令，图像窗口全部垂直拼贴排列。选择"窗口 > 排列 > 全部水平拼贴"命令，图像窗口全部水平拼贴排列。

选择"窗口 > 排列 > 双联水平"命令，图像窗口双联水平排列。选择"窗口 > 排列 > 双联垂直"命令，图像窗口双联垂直排列。

选择"窗口 > 排列 > 三联水平"命令，图像三联水平排列。选择"窗口 > 排列 > 三联垂直"命令，图像窗口三联垂直排列。

选择"窗口 > 排列 > 三联堆积"命令，图像窗口三联堆积排列。选择"窗口 > 排列 > 四联"命令，图像窗口四联排列。

选择"窗口 > 排列 > 将所有内容合并到选项卡中"命令，所有图像窗口合并到选项卡中。选择"窗口 > 排列 > 在窗口中浮动"命令，图像窗口浮动显示。选择"窗口 > 排列 > 使所有内容在窗口中浮动"命令，所有图像窗口浮动显示。

选择"窗口 > 排列 > 层叠"命令，图像窗口层叠排列。选择"窗口 > 排列 > 平铺"命令，图像窗口平铺排列。

层叠排列

平铺排列

3．多窗口匹配图像

"匹配缩放"命令可以将所有窗口都匹配到与当前窗口相同的缩放比例。将 05 素材图放大到 150% 显示，选择"窗口 > 排列 > 匹配缩放"命令，所有图像窗口都以 150% 显示图像。

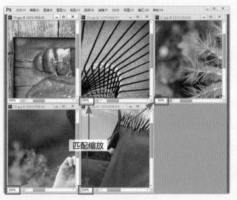

150% 显示图像

匹配缩放

"匹配位置"命令可以将所有窗口都匹配到与当前窗口相同的显示位置。调整 05 素材图位置，选择"窗口 > 排列 > 匹配位置"命令，所有图像窗口都匹配 05 素材图的位置。

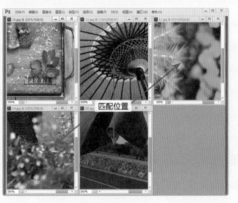

移动位置

匹配位置

"匹配旋转"命令可以将所有窗口的视图旋转角度都匹配到与当前窗口相同。在工具箱中选择"旋转视图"工具 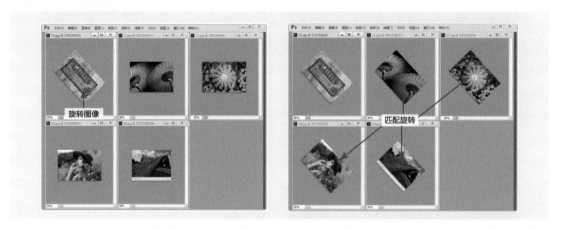，将 05 素材图片的视图旋转，选择"窗口 > 排列 > 匹配旋转"命令，所有图像窗口都以相同的角度旋转。

　　"全部匹配"命令是将所有窗口的缩放比例、图像显示位置、画布旋转角度与当前窗口进行匹配。

第 5 章

抠图

05

我们日常看到的图像创意设计作品，都是经过艺术处理和设计提炼的。其中大部分的图像元素都进行了抠图处理，也就是将主体图像从背景中分离出来，再对其进行后续的处理和加工。抠图可以说是图像处理中最基础的操作，也是必须掌握好的核心应用技能。

本章介绍

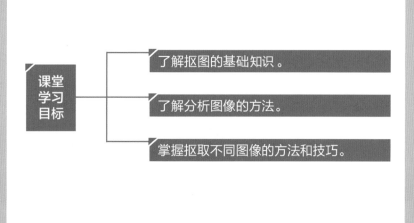

课堂学习目标

了解抠图的基础知识。

了解分析图像的方法。

掌握抠取不同图像的方法和技巧。

5.1 抠图基础

5.1.1 抠图的概念

抠图是将图像中需要的一部分图像从原图像画面中分离出来。在 Photoshop 中，可以借助抠图工具、抠图命令和选择方法来完成。

原图　　　　　　　　用选区选中对象　　　　　将对象从背景中分离出来

抠图在设计工作中经常使用，如宣传单设计、画册设计、广告设计、包装设计、出版物设计、品牌设计、电商设计、网页设计、界面设计等很多设计领域都要经常使用抠图来完成部分设计制作的工作内容。

5.1.2 选区的概念

选区是指通过不同的方法将图像中需要处理的区域选择出来，它呈现的状态是一圈闪动的边界线，又称为"蚁行线"。可以对选区范围内的图像进行编辑处理，选区范围外的图像则不能。在 Photoshop 中，如果没有在图像中创建选区，则默认对整个图像进行编辑操作。

5.2 分析图像

5.2.1 简单形状选择法

（1）边缘清晰且形状规则的主体图像，可以使用"矩形选框"工具和"椭圆选框"工具进行抠图。

（2）边缘平直、清晰且形状不规则的主体图像，可以使用"多边形套索"工具进行抠图。

（3）边缘光滑、清晰且形状不规则的主体图像，可以使用"钢笔"工具进行抠图。

5.2.2 复杂形状选择法

（1）边缘清晰且与背景颜色差异较大的主体图像，可以使用"橡皮擦"工具、"魔棒"工具、"快速选择"工具和"色彩范围"命令进行抠图。

（2）边缘模糊且与背景颜色比较接近的主体图像，可以使用快速蒙版和"钢笔"工具进行抠图。

（3）边缘纤细、细节多的毛绒、头发等主体图像，可以使用"调整边缘"命令进行抠图。

（4）烟雾、烟花等亮暗分明的主体图像，可以使用混合颜色带进行抠图。

（5）玻璃、婚纱等具有透明特性的主体图像，可以使用"通道"控制面板进行抠图。

5.3 抠图实战

5.3.1 使用"魔棒"工具抠出网店商品

分析： 图像边缘清晰且用于网页展示，只要将其抠出，使其在屏幕上看起来无瑕疵即可。最佳的抠图工具为"魔棒"或"快速选择"工具。

素材： Ch05 > 素材 > 使用"魔棒"工具抠出网店商品 > 01、02。

效果： Ch05 > 效果 > 使用"魔棒"工具抠出网店商品。

制作要点： 使用"魔棒"工具抠出商品，使用"反向"命令反选商品，使用"移动"工具调整位置。

（1）打开素材01。选择"魔棒"工具，在属性栏中取消勾选"连续"复选框，单击黄色背景，图像中的黄色部分被选中。

图片与背景颜色区别大，边缘清晰　　　←单击生成选区

（2）选择"选择 > 反向"命令，将选区反选，选中图像中的物体。

（3）打开素材 02。选择"移动"工具 ，将选区中的图像拖曳到 02 图像窗口中，并调整其大小。

反选选区

移动到网页中

5.3.2 使用"钢笔"工具抠出化妆品

after

分析： 化妆品图像明亮且边缘清晰，部分反光与背景图像相同，可用于画册、杂志等的广告。最佳的抠图工具为"钢笔"工具。

before

素材： Ch05 > 素材 > 使用"钢笔"工具抠出化妆品 > 01、02。

效果： Ch05 > 效果 > 使用"钢笔"工具抠出化妆品。

制作要点： 使用"缩放"工具放大图像，使用"钢笔"工具绘制化妆品轮廓，使用"收缩"命令收缩选区，使用"将路径转化为选区"命令将路径转化为选区，使用"移动"工具调整位置。

操作视频　　扩展案例

（1）打开素材 01。选择"缩放"工具 ，单击图像窗口放大图像，选择"钢笔"工具 ，在物品的边缘位置单击添加 1 个锚点。再次单击并拖曳，添加第 2 个锚点。

化妆品边缘与背景色差小，用"钢笔"工具抠图

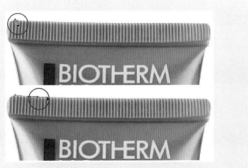

（2）再次单击并拖曳添加第 3 个锚点。再添加第 4 个和第 5 个锚点。

（3）按住 Alt 键，鼠标指针变为转换图标。单击转换锚点。

（4）单击并拖曳添加第 6 个锚点。用相同的方法添加其他锚点。将光标置于起始锚点处，鼠标指针变为闭合路径状态，单击并拖曳鼠标，闭合路径。

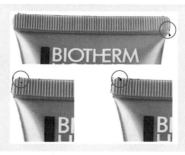

（5）使用相同的方法沿着其他两件化妆品绘制路径。按 Ctrl+Enter 组合键，将沿着物品周围的路径转化为选区。

（6）选择"选择 > 修改 > 收缩"命令，弹出对话框，设置收缩量，缩小选区。为避免露白边，收缩 1 像素即可。打开素材 02。选择"移动"工具 ，将选区中的图像拖曳到 02 图像窗口中，调整图像大小。

5.3.3　使用色彩范围抠出天空

after

before

分析： 图片中天空与地面的分界较为明显，且在树枝的缝隙中也有一些零散的天空，需要干净、彻底地移除天空。最佳的抠图工具为"色彩范围"命令。

素材： Ch05 > 素材 > 使用色彩范围抠出天空 > 01、02。

效果： Ch05 > 效果 > 使用色彩范围抠出天空。

制作要点： 使用"色彩范围"命令生成选区，使用图层蒙版和"画笔"工具抠出图像，使用混合模式混合图像。

操作视频

扩展案例

（1）打开素材01。选择"选择 > 色彩范围"命令，勾选"本地化颜色簇"复选框，设置颜色容差，按住 Shift 键的同时，单击天空部分，天空的缩览图变为白色。

边缘复杂且颜色分界较为明显

选项设置

（2）按着 Alt 键的同时，单击图像中山的部分，使天空单独分离出来。

（3）勾选"反相"复选框，此时除天空外的部分全部选中。

添加山图像

反相选择

勾选复选框

（4）单击"确定"按钮，在图像窗口中生成选区。

（5）单击"图层"控制面板下方的"添加图层蒙版"按钮 ◙ ，为图层添加蒙版。

（6）将前景色设为黑色。选择"画笔"工具 ✐ ，在属性栏中设置画笔，显示需要的图像。

（7）打开素材 02。选择"移动"工具 ⊞ ，将抠出的图像拖曳到 02 图像窗口中，并调整其大小。

（8）在"图层"控制面板中将混合模式选项设为"正片叠底"。

5.3.4 使用"调整边缘"命令抠出头发

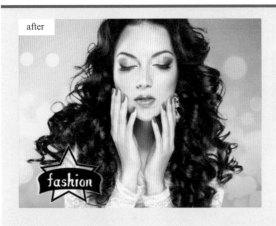

分析： 图片中细碎的头发较多，需要最大限度地将头发细节抠出。最佳的抠图工具为"调整边缘"命令。

素材： Ch05 > 素材 > 使用"调整边缘"命令抠出头发 > 01~03。

效果： Ch05 > 效果 > 使用"调整边缘"命令抠出头发。

制作要点： 使用"钢笔"工具抠出人物图像，使用"将路径转化为选区"命令将路径转化为选区，使用"调整边缘"命令优化选区，使用"移动"工具添加底图和文字。

操作视频　　扩展案例

Photoshop CC 核心应用实战（智慧学习版）

（1）打开素材 01。选择"钢笔"工具  ，仔细抠出人物图像，并将头发大致抠出即可。按 Ctrl+Enter 组合键，将路径转化为选区。

（2）选择"选择 > 调整边缘"命令，弹出对话框，进入叠加视图模式。

（3）选择对话框中的工具 ，在属性栏中将"大小"选项设为 350，在人物图像中涂抹头发部分，将头发与背景分离。

（4）调整"半径"数值为 5，"平滑"数值为 2，"羽化"数值为 2，"对比度"数值为 5，"移动边缘"数值为 −15，对图像进行优化。

（5）在对话框中选择输出方式，复制并抠取图像，在"图层"控制面板中生成蒙版图层。

（6）打开素材 02。选择"移动"工具 ，将抠取的图像拖曳到 02 图像窗口中，并调整图层顺序。

（7）打开素材 03，将其拖曳到 02 图像窗口中适当的位置。

5.3.5 使用"通道"控制面板抠出玻璃器具

分析： 需要将图片中的酒瓶和透明材质的酒杯抠出并添加新的背景，用于制作广告。最佳的抠图工具为"通道"控制面板。

素材： Ch05 > 素材 > 使用"通道"控制面板抠出玻璃器具 > 01 ~ 04。

效果： Ch05 > 效果 > 使用"通道"控制面板抠出玻璃器具。

制作要点： 使用"钢笔"工具绘制酒杯和酒瓶的路径，使用"将路径转化为选区"命令将路径转化为选区，使用"亮度/对比度"命令调整复制的通道，使用"将通道作为选区载入"按钮和图层蒙版抠出图像，使用"画笔"工具精细抠图，使用"移动"工具添加底图和文字。

Photoshop CC 核心应用实战（智慧学习版）

90

（1）打开素材 01。选择"钢笔"工具 ，在属性栏中的"选择工具模式"选项中选择"路径"，沿着酒杯和酒瓶绘制路径。

（2）按 Ctrl+Enter 组合键，将路径转化为选区。按 Ctrl+J 组合键，复制选区中的图像，并生成新的图层。

（3）选择"背景"图层。新建图层。将前景色设为暗绿色（0、70、12），按 Alt+Delete 组合键，填充图层。

（4）在"通道"控制面板中，选取"蓝"通道，单击控制面板下方的"创建新通道"按钮 ，复制通道。

（5）选择"图像 > 调整 > 亮度/对比度"命令，弹出对话框，设置"亮度"为 40，"对比度"为 100，调整图像，单击"确定"按钮。

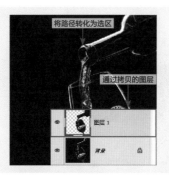

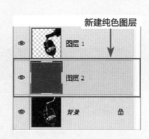

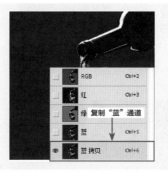

（6）单击"通道"控制面板下方的"将通道作为选区载入"按钮 ，载入通道选区。

（7）选择"图层 1"图层，单击控制面板下方的"添加图层蒙版"按钮 ，添加蒙版。

（8）选择"图层 1"图层，按 Ctrl+J 组合键，复制图层。

（9）在蒙版上单击鼠标右键，在弹出的菜单中选择"应用图层蒙版"命令，应用图层蒙版。

（10）在"图层"控制面板上方，将混合模式选项设为"滤色"，调整图像。

（11）选择绘制的路径和"背景"图层，按 Ctrl+Enter 组合键，将路径转化为选区。按 Ctrl+J 组合键，复制选区中的图像，并生成新的图层。

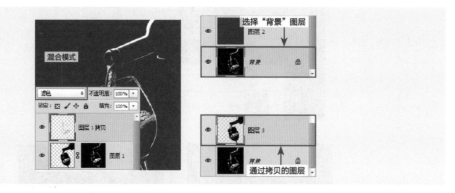

（12）在"图层"控制面板中移动复制的新图层，并为图层添加图层蒙版。

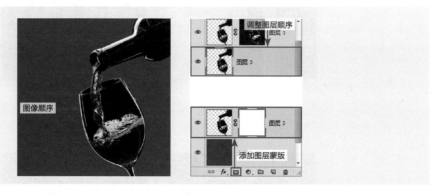

（13）按住 Alt 键的同时，单击"图层3"左侧的眼睛图标 👁，隐藏其他图层。

（14）选择"画笔"工具 ✐，在属性栏中设置画笔，在图像中进行涂抹，擦除不需要的图像。

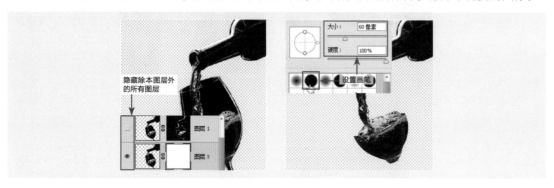

（15）显示"图层3"上方的两个图层，显示出抠出的图像。

（16）将需要的图层同时选取，按 Ctrl+Alt+E 组合键，盖印选定的图层。

（17）打开素材02。选择"移动"工具 ⊕，将抠出的图像拖曳到02图像窗口中，并调整其大小。

（18）单击"图层"控制面板下方的"创建新的填充或调整图层"按钮 ◑，在弹出的菜单中选择"色彩平衡"命令，在弹出的控制面板中进行设置，同时生成新的剪贴蒙版图层。

（19）打开素材03、04。选择"移动"工具 ⊕，将图像分别拖曳到02图像窗口中。

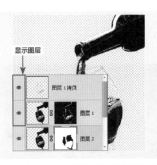

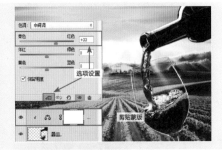

5.3.6 使用混合颜色带抠出烟雾

分析： 黑底中的图案和烟雾具有典型的特征，亮暗分明，只要将暗的部分隐藏即可将图案和烟雾抠出。最佳的抠图工具为混合颜色带。

素材： Ch05 > 素材 > 使用混合颜色带抠出烟雾 > 01~03。

效果： Ch05 > 效果 > 使用混合颜色带抠出烟雾。

制作要点： 使用"色阶"调整层调整背景图，使用"移动"工具和"混合选项"命令制作图片融合，使用图层蒙版和"画笔"工具调整融合图片，使用"色相/饱和度"命令调整层调整图像。

操作视频　　扩展案例

（1）打开素材01。单击"图层"控制面板下方的"创建新的填充或调整图层"按钮 ⊘,,在弹出的菜单中选择"色阶"命令,在弹出的控制面板中进行设置,调整图像。

（2）打开素材02。选择"移动"工具 ⊕,将图像拖曳到01图像窗口中。

（3）单击"图层"控制面板下方的"添加图层样式"按钮 ƒx.,选择"混合选项"命令,弹出对话框,按住Alt键的同时,向右拖曳"本图层"下方的黑色滑块,调整混合选项。

（4）单击"图层"控制面板下方的"添加图层蒙版"按钮 ▢,为图层添加图层蒙版。

（5）选择"画笔"工具 ✍,,在属性栏中选取并设置画笔,将"不透明度"选项设为50%,在图像窗口中涂抹擦除不需要的图像。

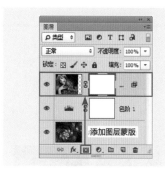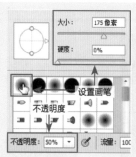

（6）选择"色阶1"图层。打开素材03。选择"移动"工具 ⊕,将图像拖曳到01图像窗口中。

（7）单击"图层"控制面板下方的"添加图层样式"按钮 ƒx.,选择"混合选项"命令,弹出对话框,按住Alt键的同时,向右拖曳"本图层"下方的黑色滑块,调整混合选项。

（8）为图层添加蒙版。选择"画笔"工具 ✍,,在图像窗口中涂抹擦除不需要的图像。

（9）单击"图层"控制面板下方的"创建新的填充或调整图层"按钮 ⊘.,在弹出的菜单中选择"色相/饱和度"命令,在弹出的控制面板中进行设置,调整图像。

5.3.7　使用"通道"控制面板抠出婚纱

分析：图片是半透明的婚纱照片，需要将人物和半透明的婚纱效果抠出，用于制作杂志封面。最佳的抠图工具为"通道"控制面板。

素材：Ch05 > 素材 > 使用"通道"控制面板抠出婚纱 > 01~03。

效果：Ch05 > 效果 > 使用"通道"控制面板抠出婚纱。

制作要点：使用"钢笔"工具绘制人物轮廓，使用"通道"控制面板存储选区，使用"钢笔"工具沿婚纱边缘绘制路径，使用"计算"命令对通道进行运算，使用图层蒙版抠出人物，使用"画笔"工具修饰抠出的图像，使用"横排文字"工具和"自由变换"命令添加文字。

操作视频

扩展案例

（1）打开素材 01。选择"钢笔"工具，在属性栏的"选择工具模式"选项中选择"路径"，沿着人物的轮廓绘制路径，绘制时要避开半透明的婚纱。

（2）单击属性栏中的"路径操作"按钮▣，在弹出的面板中选择需要的选项，绘制路径。

（3）选择"路径选择"工具▶，将绘制的路径同时选取。按 Ctrl+Enter 组合键，将路径转化为选区。

（4）单击"通道"控制面板下方的"将选区存储为通道"按钮▣，将选区存储为通道。取消选区。

（5）将"蓝"通道拖曳到控制面板下方的"创建新通道"按钮▣上，复制通道。

（6）选择"钢笔"工具▷，在图像窗口中沿着婚纱边缘绘制路径。

（7）按 Ctrl+Enter 组合键，将路径转化为选区。按 Ctrl+Shift+I 组合键，将选区反选。

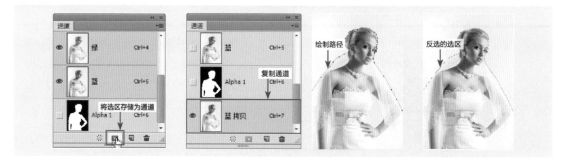

（8）将前景色设为黑色。按 Alt+Delete 组合键，用前景色填充选区。取消选区。

（9）选择"图像 > 计算"命令，在弹出的对话框中进行设置，单击"确定"按钮，得到新的通道图像。

（10）选择"图像 > 调整 > 色阶"命令，弹出对话框，将输入色阶的中间调设为 0.2，单击"确定"按钮，调整图像。

（11）按住 Ctrl 键的同时，单击通道，载入婚纱选区。

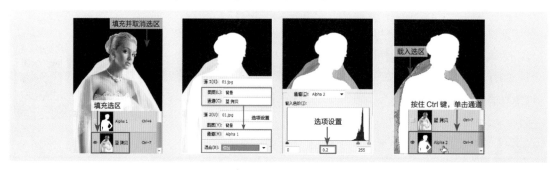

（12）单击"RGB"通道，显示彩色图像。单击"图层"控制面板下方的"添加图层蒙版"按钮▣，抠出婚纱图像。

（13）选择"画笔"工具 ✐，在属性栏中选取并设置画笔，将"不透明度"选项设为 50%，在图像窗口中涂抹，擦除不需要的图像。

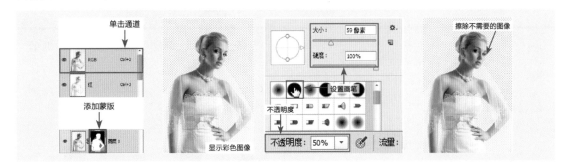

（14）新建一个宽度为 18.8 厘米、高度为 24.52 厘米、分辨率为 72 像素 / 英寸、颜色模式为 RGB、背景内容为白色的文件。将前景色设为浅蓝色（61、217、250）。按 Alt+Delete 组合键，用前景色填充选区。

（15）打开素材 02。选择"移动"工具 ⊕，将图像拖曳到新建的图像窗口中。

（16）在"图层"控制面板上方，将该图层的混合模式选项设为"线性加深"，制作图像的混合。

（17）选择"横排文字"工具 T，在属性栏中选择合适的字体和文字大小，在图像窗口中输入需要的白色文字。

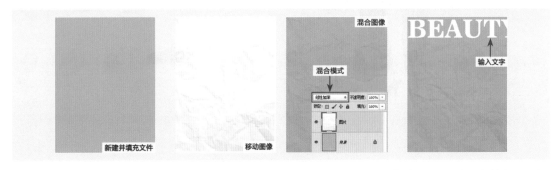

（18）按 Ctrl+T 组合键，在文字周围出现变换框，拖曳左侧中间的控制手柄到适当的位置，调整文字，并将其拖曳到适当的位置，按 Enter 键确认操作。

（19）选择"移动"工具 ⊕，将抠出的婚纱照片拖曳到图像窗口中适当的位置。

（20）单击"图层"控制面板下方的"创建新的填充或调整图层"按钮 ●，在弹出的菜单中选择"色阶"命令，在弹出的控制面板中进行设置，同时生成新的图层。

（21）打开素材 03。选择"移动"工具 ⊕，将图像拖曳到图像窗口中适当的位置。

分析： 本例提供了 24 张图片，根据前面所学的抠图技法，将图片抠出，放在新建的版面上，添加文字，组成杂志内页。根据需要选择最佳的抠图工具。

素材： Ch05 > 素材 > 制作杂志内页 > 01 ~ 24。

效果： Ch05 > 效果 > 制作杂志内页

制作要点： 使用"钢笔"工具和"调整边缘"命令抠出人物，使用"魔棒"工具和"钢笔"工具抠出服饰，使用"自由变换"命令调整商品的大小及位置，使用"横排文字"工具和"多边形"工具添加文字及图形。

扩展案例

1. 人物抠图

（1）打开素材 01。选择"钢笔"工具 ✐ 仔细抠出除头发外的部分，头发部分只大概勾勒出轮廓，留待之后通过"调整边缘"命令进行处理。

（2）选择"钢笔"工具 ✐，沿着模特边缘绘制路径。

（3）按 Ctrl+Enter 组合键，将路径转化为选区。

操作视频 1

调整边缘抠图

"钢笔"工具抠图

绘制的路径

将路径转化为选区

（4）选择"椭圆选框"工具，在选区中单击鼠标右键，选择"调整边缘"命令。

（5）单击"视图"选项的"向下"按钮，选择"白底"选项。放大图像涂抹头发。

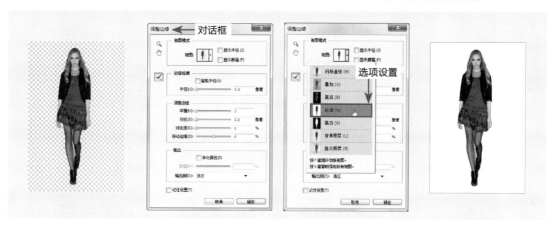

（6）调整"半径"为1，"平滑"为5，"羽化"为1像素，使发丝抠得更干净。设置"输出到"为"新建带有图层蒙版的图层"。

（7）选择"钢笔"工具，将双腿间的多余颜色抠出。按 Ctrl+Enter 组合键，将路径转化为选区，填充为黑色。

（8）新建一个宽度为 20.5 厘米、高度为 27.5 厘米、分辨率为 300 像素 / 英寸、颜色模式为 RGB、背景内容为白色的文件"综合实例"。

（9）选择"移动"工具，将抠出的人物图像拖曳到"综合实例"图像窗口中进行组版，并将图层命名为"人物"。

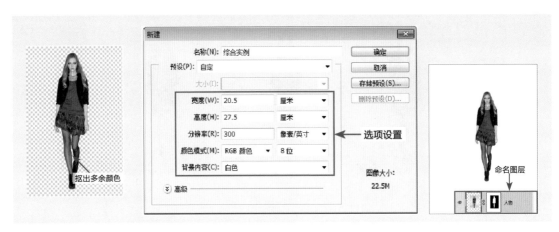

抠出多余颜色　　　　　　　　　　　　　　　　　选项设置　　　　　　命名图层

图像大小：
22.5M

2．服饰抠图

（1）打开素材 02。纯色的背景上是红色的衣服，颜色差异较大，且边缘清晰，使用"魔棒"工具或"快速选择"工具抠出即可。

（2）选择"魔棒"工具 ，在属性栏中设置容差为 30，单击白色背景，生成选区。

（3）选择"选择 > 修改 > 扩展"命令，设置扩展量为 1 像素。按 Ctrl+Shift+I 组合键，将选区反向。

（4）单击"添加图层蒙版"按钮 ，添加蒙版。将抠出的图像拖曳到"综合实例"图像窗口中进行组版。

颜色差异大且边缘清晰

单击生成选区

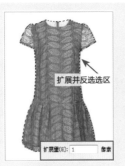
扩展并反选选区

扩展量(E)：1　像素
添加的蒙版

（5）打开素材 03。按照抠裙子的方法将包抠出，并拖曳到"综合实例"图像窗口中进行组版。

（6）用"魔棒"工具 和"钢笔"工具 将其他素材图片抠出并拖曳到"综合实例"图像窗口中进行组版。

抠出的图像　　　　抠出并拖曳到图像

3. 调整大小及位置

（1）选中"人物"图层，在图层上单击鼠标右键，在弹出的菜单中选择"转换为智能对象"命令，将图层对象转换为智能对象，以便于图片放大或缩小。

（2）用相同的方法将其他图层转换为智能对象。

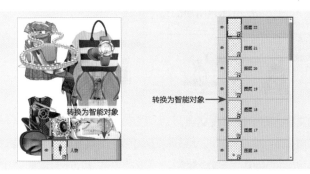

（3）隐藏除"人物"图层外的所有图层。按 Ctrl+T 组合键，调整图片的大小及位置。

（4）用相同的方法调整所有图片的大小和位置，并将需要的图层编组。

（5）将"人物"图层拖曳到"组 4"图层组上方。

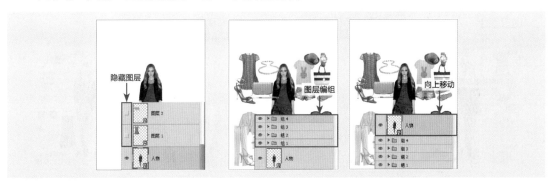

4. 添加文字及图形

（1）新建"蓝块"图层。绘制矩形选区并填充为浅蓝色（228、249、254），取消选区。

（2）选中"背景"图层。打开素材 04，将其拖曳到"综合实例"图像窗口中，并命名为"线"。

（3）选中"蓝块"图层。新建"渐变"图层。绘制矩形选区并填充为从紫红色（179、5、128）到橙色（253、125、0）的渐变，取消选区。

（4）选择"横排文字"工具 T，在页面中输入白色文字。选择"窗口 > 字符"命令，弹出控制面板，设置字符间距。

（5）用相同的方法输入其他文字并设置适当的字体、大小、间距和颜色。

（6）新建图层。绘制矩形选区并填充为红色（209、0、0），取消选区。输入需要的白色文字。

（7）复制矩形和文字，并分别修改文字。

（8）新建图层并重命名为"黑三角"。选择"多边形"工具 ⬡，在图像窗口中单击弹出对话框，设置"宽度"为24像素，"高度"为24像素，"边数"为3，在图像窗口中显示三角形，将其旋转90°。

（9）在三角形右侧输入需要的文字。

（10）用上述方法添加其他图形和文字。

5.5 课堂练习——使用"钢笔"工具抠出相机

分析： 相机背部与侧面有明显的虚化，只用"钢笔"工具抠出会显得很硬，需要进一步柔化处理。最佳的抠图工具为"钢笔"工具和图层蒙版。

素材：Ch05 > 素材 > 使用"钢笔"工具抠出相机 > 01、02。

效果：Ch05 > 效果 > 使用"钢笔"工具抠出相机。

制作要点：使用"缩放"工具放大图像，使用"钢笔"工具绘制相机，使用"收缩"命令收缩选区，使用"将路径转化为选区"命令将路径转化为选区，使用"移动"工具调整位置。

操作视频

5.6 课后习题——使用"通道"控制面板抠出酒杯

after

before

分析： 图片中是透明材质的酒杯，需要将其抠出并添加新的背景，用于制作广告。最佳的抠图工具为"通道"控制面板。

素材：Ch05 > 素材 > 使用"通道"控制面板抠出酒杯 > 01 ~ 03。

效果：Ch05 > 效果 > 使用"通道"控制面板抠出酒杯。

制作要点：使用"钢笔"工具绘制酒杯的路径，使用"将路径转化为选区"命令将路径转化为选区，使用"亮度 / 对比度"命令调整复制的通道，使用"载入选区"命令和图层蒙版抠出图像，使用"画笔"工具精细抠图，使用"移动"工具添加底图和文字。

操作视频

第 6 章

06

修图

修图就是将图像修整得更为完美。修图在生活中的应用比比皆是，手机相机的美颜功能就是最典型的修图应用。Photoshop 拥有专业、强大的修图功能，掌握好专业的工具命令和修饰技巧，就可以根据自己的艺术和审美需求出色地完成图像的修饰。

本章介绍

课堂
学习
目标

了解修图的概念和分类。

掌握修图的方法和技巧。

6.1 修图基础

6.1.1 修图的概念

修图是指对数字图像进行修改和修饰。一般根据图像用途的需求，对图像中的瑕疵缺陷进行修改和弥补，还会对图像进行修饰和加工，为图像美化和添加效果，使图像更加完美，达到需要的效果。

6.1.2 修图的分类

根据图像的不同应用领域，可以对需要修图的图像进行分类，一般可以分为人像图、商品图和新闻图，人像图包括人像摄影摄像类图像，商品图包括商品广告类图像，新闻图包括新闻实事类图像。

6.2 修图实战

6.2.1 修全身

分析：图片中的人物上下身比例不标准，腿部粗短，背部宽厚，腰部曲线不明显，头发过宽显得头骨宽大，需要修全身。最佳的修图工具为多种"变换"命令和"液化"命令。

素材：Ch06 > 素材 > 修全身 > 01。

效果：Ch06 > 效果 > 修全身。

制作要点：使用"透视"命令变换图像，使用"矩形选框"工具和"自由变换"命令调整腿的长度，使用"套索"工具、"羽化"命令、"复制图层"命令和"变形"命令调整腰部，使用"液化"命令调整腰部、背部、头部和臀部，使用"矩形选框"工具和"内容识别填充"命令调整背景图片。

操作视频

扩展案例

（1）打开素材 01。按 Ctrl+J 组合键，复制背景图层。

（2）按 Ctrl+T 组合键，弹出变换框，单击鼠标右键选择"透视"命令。

（3）向内拖曳上方的控制手柄，对人物形体进行微调，使上身变短，下身变长。

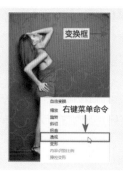

（4）按 Ctrl+E 组合键，将两个图层合并。

（5）选择"矩形选框"工具□，在人物小腿的位置绘制矩形选区。

（6）按 Ctrl+T 组合键，选区周围出现变换框。

（7）向下拖曳下方中间的控制手柄，拉长腿部线条。取消选区。

（8）选择"套索"工具♀，在人物背部适当的位置绘制选区。

（9）按 Shift+F6 组合键，弹出对话框，设置羽化半径值。

（10）按 Ctrl+J 组合键，复制选区中的图像并创建新图层。

（11）按 Ctrl+T 组合键，弹出变换框，单击鼠标右键选择"变形"命令，调整腰部的图像。

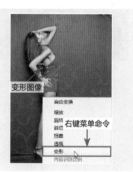

（12）按 Ctrl+E 组合键，将两个图层合并。

（13）选择"滤镜 > 液化"命令，弹出对话框。

（14）选择"向前变形"工具♨，设置"画笔大小"为 100，"画笔密度"为 5，"画笔压力"为 50，在腰部向内拖曳鼠标，使腰部变瘦。

（15）调整预览框中的图像，显示人物头部，略微缩小头部。

合并图层

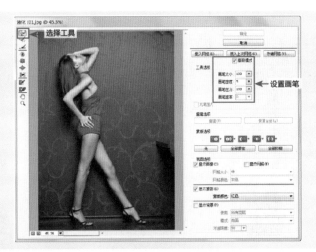

选择工具

设置画笔

调整腰部

调整头部

（16）用相同的方法略微缩小臀部。单击"确定"按钮，完成液化。

（17）选择"矩形选框"工具 回，在适当的位置绘制选区。

缩小臀部

绘制选区

（18）按 Shift+F5 组合键，弹出对话框，选择"内容识别"填充。取消选区。

（19）用相同的方法修复左侧的图像，使其与背景融合。

内容识别填充

内容识别填充

6.2.2 修胳膊

after

before

分析： 图片中的人物手臂比较粗，需要修复。最佳的修图工具为"变形"命令和"液化"命令。

操作视频　扩展案例

素材： Ch06 > 素材 > 修胳膊 > 01。

效果： Ch06 > 效果 > 修胳膊。

制作要点： 使用"套索"工具绘制选区，使用"羽化"命令和"复制图层"命令羽化和复制选区中的图像，使用"变形"命令和"液化"命令调整胳膊粗细。

（1）打开素材 01，人物手臂比较粗，需要修复。

（2）选择"套索"工具 ，在人物胳膊周围绘制选区。

（3）按 Shift+F6 组合键，弹出对话框，设置羽化半径值。

（4）按 Ctrl+J 组合键，复制选区中的图像并创建新图层。

手臂较粗

绘制选区

羽化选区

羽化设置

通过拷贝的图层

（5）按 Ctrl+T 组合键，弹出变换框，单击鼠标右键选择"变形"命令，调整图像。

（6）按 Ctrl+E 组合键，将两个图层合并。

调整图像

右键菜单命令

合并图层

（7）选择"滤镜 > 液化"命令，弹出对话框。选择"向前变形"工具，设置"画笔大小"为100，"画笔密度"为5，"画笔压力"为50。

（8）在右手臂的位置向内拖曳鼠标，使人物手臂变瘦。单击"确定"按钮，完成液化。

6.2.3　修脸型

分析： 图片中人物的面部比较胖，需要使脸庞变瘦。最佳的修图工具为"变形"命令。

素材：Ch06 > 素材 > 修脸型 > 01。

效果：Ch06 > 效果 > 修脸型。

制作要点： 使用"套索"工具绘制选区，使用"羽化"命令和"复制图层"命令羽化和复制选区中的图像，使用"变形"命令调整脸型。

操作视频

扩展案例

（1）打开素材 01，人物的面部比较胖，需要使脸庞变瘦。

（2）选择"套索"工具，在脸周围绘制选区。

（3）按 Shift+F6 组合键，弹出对话框，设置羽化半径值。

（4）按 Ctrl+J 组合键，复制选区中的图像并创建新图层。

面部较胖　　　绘制选区　　　羽化设置　　　通过拷贝的图层

（5）按 Ctrl+T 组合键，弹出变换框，单击鼠标右键选择"变形"命令，调整面部图像。

（6）按 Ctrl+E 组合键，将两图层合并。用相同的方法调整右侧的脸部图像。

变形图像　　　合并图层　　　调整右侧脸部

6.2.4　修眼睛

分析：图片中人物的眼睛有血丝，修复图片加强眼白与眼球的对比，使眼睛清澈明亮。最佳的修图工具为"仿制图章"工具和"曲线"命令。

素材：Ch06 > 素材 > 修眼睛 > 01

效果：Ch06 > 效果 > 修眼睛

制作要点：使用"套索"工具绘制选区，使用"羽化"命令和"复制图层"命令羽化和复制选区中的图像，使用"自由变换"命令放大眼睛，使用"仿制图章"工具修复眼白，使用"曲线"命令调整层调整眼球、眼白和高光。

操作视频　　　扩展案例

（1）打开素材 01。按 Ctrl+J 组合键，复制"背景"图层。选择"套索"工具，在属性栏中单击

"添加到选区"按钮，在图像中圈选眼睛部分。

（2）选择"选择 > 修改 > 羽化"命令，弹出对话框，设置羽化半径值。

（3）按 Ctrl+J 组合键，复制选区中的图像并生成新图层。

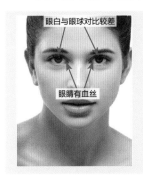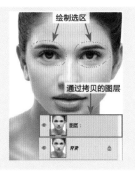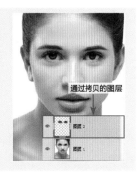

（4）按 Ctrl+T 组合键，弹出变换框，按住 Alt+Shift 键的同时，向外拖曳右上角的控制手柄，放大图像。

（5）按 Ctrl+E 组合键，将"图层 1"和"图层 2"图层合并。

（6）新建图层。选择"仿制图章"工具，在属性栏中设置"画笔大小"为 10，"硬度"为 0，"不透明度"为 20%，"样本"为所有图层，在眼白处按住 Alt 键取样，涂抹红色眼白部分。

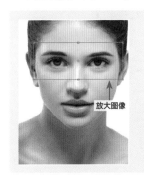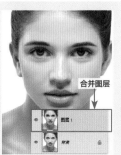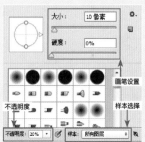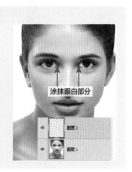

（7）按 Ctrl+E 组合键，将"图层 1"和"图层 2"图层合并。选择"套索"工具，圈选眼球部分。

（8）按 Shift+F6 组合键，弹出对话框，设置羽化半径值。

（9）单击"图层"控制面板下方的"创建新的填充或调整图层"按钮，选择"曲线"命令，弹出控制面板，调整控制面板中的曲线，加强眼球的对比。

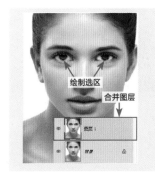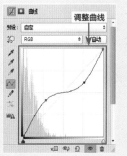

（10）选择"套索"工具，圈选眼白部分。

（11）选择"选择 > 修改 > 羽化"命令，弹出对话框，设置羽化半径值。

（12）单击"图层"控制面板下方的"创建新的填充或调整图层"按钮 ⊙，选择"曲线"命令，弹出控制面板，调整控制面板中的曲线，加强眼白的对比。

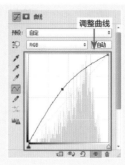

（13）选择"套索"工具 ⊙，圈选眼球中的亮光部分。

（14）单击"图层"控制面板下方的"创建新的填充或调整图层"按钮 ⊙，选择"曲线"命令，弹出控制面板，调整控制面板中的曲线，加强眼球中亮光部分的对比。

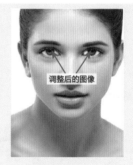

6.2.5　修眉毛

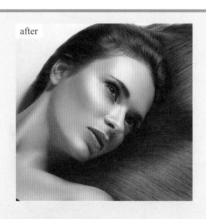

分析： 图片中人物的眉毛部分有瑕疵，需要修复。最佳的修图工具为"仿制图章"工具和"加深"工具。

素材： Ch06 > 素材 > 修眉毛 > 01。

效果： Ch06 > 效果 > 修眉毛。

制作要点： 使用"缩放"工具放大图像，使用"仿制图章"工具修复眉毛，使用"加深"工具加深修复的眉毛。

（1）打开素材 01。选择"缩放"工具 🔍，单击放大图像。按 Ctrl+J 组合键，复制"背景"图层。

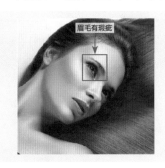 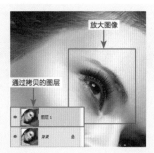

（2）选择"仿制图章"工具 🔳，在属性栏中设置"画笔大小"为 5，"硬度"为 0，"不透明度"为 100，"样本"为所有图层。按住 Alt 键的同时，单击所需的眉毛进行取样。

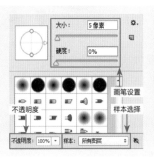 

（3）取样完成后，释放 Alt 键，在眉毛上进行涂抹，修补眉毛缺失部分。

（4）按住 Alt 键的同时，单击眉尾处的皮肤。

（5）取样完成后，释放 Alt 键，在眉毛上进行涂抹，修补眉毛多出的部分。

  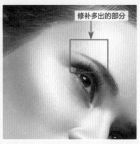

（6）选择"加深"工具 🔍，设置"画笔大小"为 40，"硬度"为 0，"范围"设置为中间调，"曝光度"为 20%，涂抹眉毛，设置眉毛浓密度为由浅到深再到浅。完成操作后，合并图层。

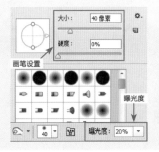 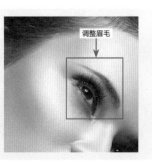

6.2.6　修污点

after

before

分析： 图片中人物的眼角和脸颊部分有污点，需要修复。最佳的修图工具为"污点修复画笔"工具和"仿制图章"工具。

素材：Ch06 > 素材 > 修污点 > 01。

效果：Ch06 > 效果 > 修污点。

制作要点：使用"污点修复画笔"工具修复眼角的污点，使用"仿制图章"工具修复脸部明暗。

操作视频

扩展案例

（1）打开素材 01。按 Ctrl+J 组合键，复制"背景"图层。

脸上有污点

通过拷贝的图层

图层 1

背景

（2）选择"污点修复画笔"工具，调整画笔的大小，单击眼角的污点，修复皮肤。

（3）选择"仿制图章"工具，设置属性栏中的"不透明度"为 10%，按住 Alt 键的同时，在脸颊附近单击鼠标左键，选取所需的颜色。

（4）在脸颊的明暗变化处进行涂抹，调整图像中明暗不和谐的地方。

修复皮肤

样本源

脸颊明暗处理

6.2.7 修碎发

分析: 图片中人物的背景和肩膀处留有碎发,需要修复。最佳的修图工具为"仿制图章"工具。

素材: Ch06 > 素材 > 修碎发 > 01。

效果: Ch06 > 效果 > 修碎发。

制作要点: 使用"钢笔"工具绘制脸部外轮廓,使用"将路径转化为选区"命令将路径转化为选区,使用"羽化"命令羽化选区,使用"仿制图章"工具修复碎发。

操作视频

扩展案例

(1)打开素材 01。按 Ctrl+J 组合键,复制"背景"图层。

(2)选择"钢笔"工具✐,沿着脸部的外轮廓绘制路径。

(3)按 Ctrl+Enter 组合键,将路径转化为选区。

(4)选择"选择 > 修改 > 羽化"命令,弹出对话框,设置羽化值。

(5)选择"仿制图章"工具▲,在属性栏中设置"不透明度"为 100%,按住 Alt 键的同时单击背景,吸取背景颜色。

(6)释放 Alt 键,在选区内进行涂抹,去除杂乱的头发。

(7)取消选区。按住 Alt 键的同时,吸取所需的颜色。

(8)释放 Alt 键,在肩头留下的头发处进行涂抹,去除杂乱头发。

6.2.8　修光影

分析： 图片中亮的部分过亮，暗的部分过暗，需要修正。最佳的修图工具为"曲线"命令和"画笔"工具。

素材：Ch06 > 素材 > 修光影 > 01。

效果：Ch06 > 效果 > 修光影。

制作要点：使用"曲线"调整层调整图像明暗，使用"画笔"工具在蒙版缩览图中调整图像明暗。

（1）打开素材 01。图片中亮的部分过亮，暗的部分过暗，需要修正。

（2）单击"图层"控制面板下方的"创建新的填充或调整图层"按钮 ，选择"曲线"命令，弹出控制面板。在曲线上单击添加控制点，向上拖曳使图像变亮。

 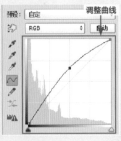 

（3）按 Ctrl+Backspace 组合键，填充黑色，遮挡调亮的图像，将图层命名为"亮"。

（4）再次添加"曲线"调整层，并弹出控制面板。

（5）在曲线上单击添加控制点，向下拖曳使图像变暗。

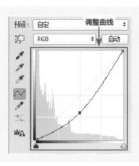

（6）按 Ctrl+Backspace 组合键，填充黑色，遮挡调暗的图像，将图层命名为"暗"。

（7）单击选中"亮"图层的蒙版缩览图。选择"画笔"工具，在属性栏中设置画笔"硬度"为 0，"不透明度"为 50%。

（8）在图像暗光部分进行涂抹，提高图像亮度。

（9）单击选中"暗"图层的蒙版缩览图。选择"画笔"工具，在图像高光部分进行涂抹，降低图像亮度。

分析： 图片中人物的形体、五官、皮肤、光影和颜色都需要调整，将其制作成杂志封面的底图。根据需要选择最佳的修图工具。

素材： Ch06 > 素材 > 制作杂志封面 > 01、02。

效果： Ch06 > 效果 > 制作杂志封面。

制作要点： 使用"套索"工具绘制选区，使用"羽化"命令和"复制图层"命令羽化和复制选区中的图像，使用"变形"命令和"液化"命令修形，使用"修补"工具和"污点修复画笔"工具修瑕，使用"曲线"命令和"画笔"工具修光影，使用"可选颜色"命令、"加深"工具、"曲线"命令、"色相 / 饱和度"命令和"照片滤镜"命令调整图像颜色。

扩展案例

Photoshop CC 核心应用实战（智慧学习版）

操作视频 1

1．修形

（1）打开素材 01，人物的形体、五官、皮肤、光影和颜色都需要调整。

（2）选择"套索"工具 ◯，在右脸颊处绘制选区。

（3）按 Shift+F6 组合键，弹出"羽化选区"对话框，将"羽化半径"设为 10 像素，单击"确定"按钮，羽化选区。

（4）按 Ctrl+J 组合键，复制选区内图像。按 Ctrl+T 组合键，弹出变换框，单击鼠标右键选择"变形"命令，进行瘦脸操作，按 Enter 键确认操作，

（5）单击"图层"控制面板下方的"添加图层蒙版"按钮▣，为图层添加蒙版。

（6）选择"画笔"工具☑，单击"画笔"选项右侧的按钮，在弹出的面板中选择并设置画笔，在图像窗口中涂抹衔接不自然的部位，融合图像。

（7）选取"背景"图层。选择"套索"工具☑，在左脸颊处绘制选区。

（8）按 Shift+F6 组合键，弹出"羽化选区"对话框，将"羽化半径"设为 10 像素，单击"确定"按钮，羽化选区。

（9）按 Ctrl+J 组合键，复制选区内图像，并将其置于顶层。按 Ctrl+T 组合键，弹出变换框，单击鼠标右键选择"变形"命令，进行瘦脸操作，按 Enter 键确认操作。

（10）添加图层蒙版。选择"画笔"工具☑，涂抹衔接不自然的部位，制作融合效果。

（11）选取"背景"图层。选择"套索"工具☑，在前臂内侧绘制选区。

（12）按 Shift+F6 组合键，弹出"羽化选区"对话框，将"羽化半径"设为 10 像素，单击"确定"按钮，羽化选区。

（13）复制选区内图像并将其置于顶层。按 Ctrl+T 组合键，弹出变换框，单击鼠标右键选择"变形"命令，调整前臂内侧，按 Enter 键确认操作。

（14）添加图层蒙版。选择"画笔"工具☑，涂抹衔接不自然的部位，制作融合效果。

（15）选取"背景"图层。选择"套索"工具☑，在背部和大臂上绘制选区。

（16）按 Shift+F6 组合键，弹出"羽化选区"对话框，将"羽化半径"设为 10 像素，单击"确定"按钮，羽化选区。

（17）复制选区内图像并将其置于顶层。按 Ctrl+T 组合键，弹出变换框，单击鼠标右键选择"变形"命令，调瘦背部和大臂，按 Enter 键确认操作。

（18）添加图层蒙版。选择"画笔"工具☑，涂抹衔接不自然的部位，制作融合效果。

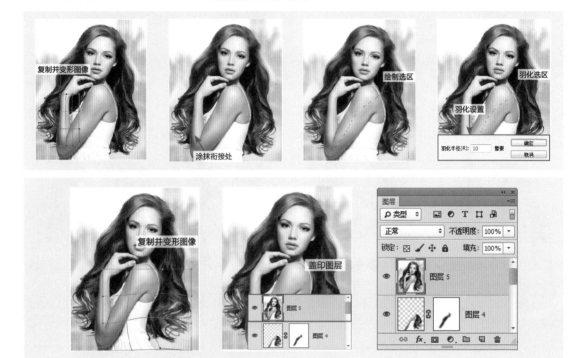

（20）选择"滤镜 > 液化"命令，弹出"液化"对话框。选择"向前变形"工具，设置"画笔大小"为 500，"画笔密度"为 50，"画笔压力"为 100。

（21）在右脸颊处向内拖曳鼠标，使脸颊变瘦。

（22）在左脸颊处向内拖曳鼠标，使脸颊变瘦。

（23）在腰部向内拖曳鼠标，使腰部变细。

（24）在后背部向内拖曳鼠标，使背部变薄。

（25）在头发上向上拖曳鼠标，使头发变高。

（26）在下嘴唇处向上拖曳鼠标，使下嘴唇变薄。

（27）单击"确定"按钮，对人物的修形制作完成。

2. 修瑕

（1）选择"修补"工具 ，在底图的脏点上绘制选区。

（2）将选区拖曳到目标位置，松开鼠标，修补脏点。

（3）选择"污点修复画笔"工具 ，将"画笔大小"选项设为 150 像素，在脸上的痘痘处单击鼠标，去除痘痘。

（4）用相同的方法在另一个痘痘处单击鼠标，去除痘痘。

（5）选择"修补"工具 ，在脖子上绘制选区。

（6）将选区拖曳到光滑的皮肤处，松开鼠标，去除褶皱。

（7）用相同的方法修复脖子上的其他褶皱。

3．修光影

（1）单击"图层"控制面板下方的"创建新的填充或调整图层"按钮，选择"曲线"命令，弹出控制面板，调整控制面板中的曲线，调整图像颜色。

（2）选择"画笔"工具，单击属性栏中"画笔"选项右侧的按钮，在弹出的面板中选择并设置画笔，将"不透明度"选项设为 60%，在图像窗口中脸部和胳膊上涂抹。

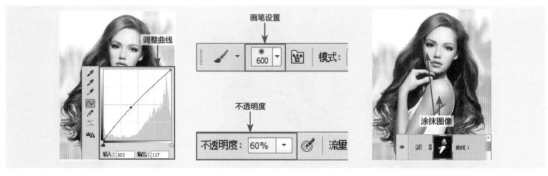

（3）单击"图层"控制面板下方的"创建新的填充或调整图层"按钮，选择"曲线"命令，弹出控制面板，调整控制面板中的曲线，调整图像颜色。

（4）选择"画笔"工具，在图像窗口中涂抹高光部分。按 Ctrl+Alt+Shift+E 组合键，盖印图层。

4．调整局部颜色

（1）选择"套索"工具，单击属性栏中的"添加到选区"按钮，在两个眼睛处绘制选区。

（2）按 Shift+F6 组合键，弹出"羽化选区"对话框，将"羽化半径"设为 10 像素，单击"确定"按钮，羽化选区。

（3）选择"图像 > 调整 > 可选颜色"命令，在弹出的对话框中进行设置，单击"确定"按钮，调整选区内的颜色，取消选区。

（4）选择"套索"工具，在嘴巴上绘制选区。

（5）按 Shift+F6 组合键，弹出"羽化选区"对话框，将"羽化半径"设为 10 像素，单击"确定"按钮，羽化选区。

（6）选择"图像 > 调整 > 可选颜色"命令，在弹出的对话框中进行设置，单击"确定"按钮，调整选区内的颜色，取消选区。

（7）选择"加深"工具，单击属性栏中"画笔"选项右侧的按钮，在弹出的面板中选择并设置画笔，将"曝光度"选项设为 50%，在图像窗口中的眉毛上涂抹，加深颜色。

（8）选择"套索"工具，在左眼上绘制选区。按 Shift+F6 组合键，弹出"羽化选区"对话框，将"羽化半径"设为 5 像素，单击"确定"按钮，羽化选区。

（9）按 Ctrl+J 组合键，复制选区内的图像。

（10）在"图层"控制面板上方，将该图层的混合模式选项设为"滤色"，"不透明度"选项设为 23%，调整图像。

（11）选择"图层6"。选择"钢笔"工具![钢笔]，在属性栏的"选择工具模式"选项中选择"路径"，在嘴唇上绘制路径。

（12）按 Ctrl+Enter 组合键，将路径转化为选区。

（13）按 Shift+F6 组合键，弹出"羽化选区"对话框，将"羽化半径"设为 5 像素，单击"确定"按钮，羽化选区。

（14）按 Ctrl+J 组合键，复制选区中的内容并将其拖曳到所有图层的上方。

Photoshop CC 核心应用实战（智慧学习版）

126

（15）单击"图层"控制面板下方的"创建新的填充或调整图层"按钮![按钮]，选择"曲线"命令，弹出控制面板，调整控制面板中的曲线，调整图像颜色，并将其剪切到下方图层。

（16）单击"图层"控制面板下方的"创建新的填充或调整图层"按钮![按钮]，选择"色相／饱和度"命令，弹出控制面板，设置色相和饱和度，调整图像颜色，并将其剪切到下方图层。

（17）选择"图层6"。选择"快速选择"工具![工具]，在头发上绘制选区。

（18）按 Shift+F6 组合键，弹出"羽化选区"对话框，将"羽化半径"设为 15 像素，单击"确定"按钮，羽化选区。

（19）复制选区内的图像并将其拖曳到所有图层的上方。选择"图像 > 调整 > 阴影／高光"命令，将"阴影数量"设为 12%，单击"确定"按钮，调整图像。

（20）选择"画笔"工具![工具]，单击属性栏中"画笔"选项右侧的按钮![按钮]，在弹出的面板中选择并设置画笔，将"不透明度"选项设为 60%，在头发的高光部分进行涂抹。

（21）将"图层9"拖曳到控制面板下方的"创建新图层"按钮![按钮]上，复制图层。将该图层的混合模式选项设为"颜色"，调整图像。

（22）单击"图层"控制面板下方的"创建新的填充或调整图层"按钮![按钮]，选择"曲线"命令，弹出控制面板，调整控制面板中的曲线，调整图像颜色且只影响下方图层。

5．调整整体颜色

（1）单击"图层"控制面板下方的"创建新的填充或调整图层"按钮 ，选择"可选颜色"命令，弹出控制面板，调整图像中的红色和黄色。

操作视频 5

（2）单击"图层"控制面板下方的"创建新的填充或调整图层"按钮 ，选择"色彩平衡"命令，弹出控制面板，分别设置中间调、阴影和高光的颜色，调整图像。

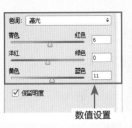

（3）单击"图层"控制面板下方的"创建新的填充或调整图层"按钮 ，选择"照片滤镜"命令，弹出控制面板，将"浓度"选项设为 10%，调整图像。

6．制作封面

（1）新建一个宽度为 20.51 厘米、高度为 27.5 厘米、分辨率为 150 像素 / 英寸、颜色模式为 RGB、背景内容为白色的文件。

（2）选择"移动"工具，将修好的人物图像拖曳到新建的图像窗口中，并调整其大小和位置。

（3）打开素材 02。选择"移动"工具，将文字拖曳到新建的图像窗口中，并调整其位置。

新建文件

移动并调整图像

移动并调整图像

6.4 课堂练习——修腿臀

after

before

分析：图片中人物的大腿至臀部比较粗，需要修复。最佳的修图工具为"变换"命令。

素材： Ch06 > 素材 > 修腿臀 > 01。

效果： Ch06 > 效果 > 修腿臀。

制作要点：使用"套索"工具绘制选区，使用"羽化"命令和"复制图层"命令羽化和复制选区中的图像，使用"变换"命令和"液化"命令调整腿和臀部，使用"污点修复画笔"工具修复污点。

操作视频

6.5 课后习题——修瑕疵

分析：图片中人物的脸部有痘痘且脸上有污点，右肩处有褶皱。最佳的修图工具为"污点修复画笔"工具、"修补"工具和"修复画笔"工具。

素材：Ch06 > 素材 > 修瑕疵 > 01。

效果：Ch06 > 效果 > 修瑕疵。

制作要点：使用"污点修复画笔"工具修复脸部的痘痘，使用"修补"工具修复瑕疵，使用"污点修复画笔"工具修复皮肤，使用"修复画笔"工具修复褶皱。

操作视频

第 7 章

07

调色

我们经常会对自己拍摄的数码照片或查找到的素材的色彩不甚满意，特别想对其进行色彩的调整和修正。只要我们掌握好色彩的基本原理和基础知识，再根据不同的创意设计需求应用好 Photoshop 的多种调色工具和命令，就可以制作出绚丽多彩的作品。

本章介绍

课堂学习目标

了解调色的基础知识。

掌握调整不同图像的方法和技巧。

7.1 调色基础

7.1.1 调色的概念

调色基础

调色是指对数字图像存在的曝光过度、曝光不足、色彩偏色、画面暗灰等问题进行调整和修正，也可以根据图像的使用需求，对图像的色彩进行艺术化的调整处理。

7.1.2 色彩的类别

色彩可以分为两类：一类为以黑色、白色、灰色为代表的无彩色系；另一类为以红、橙、黄、绿、蓝、紫等颜色为代表的有彩色系。

1. 无彩色

无彩色指黑色、白色及由黑白两色调和而成的各种不同明度的灰色系。

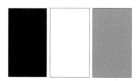

2. 有彩色

有彩色指的是在可见光谱中的全部色彩，有彩色以红、橙、黄、绿、蓝、紫为基本色，也包括含有灰色的色彩，如红灰、绿灰、蓝灰等，另外还有一些特殊的色彩，如金色、银色、荧光色等。基本色之间不同配比的混合，以及基本色和黑、白、灰之间不同配比的混合，可以产生多种颜色。

红　　　　　橙　黄　绿　蓝　紫

7.1.3 色彩的三属性

所有色彩同时具有三个基本属性，即色相、明度、纯度。三个属性中任何一个属性的改变都将影响原色彩其他属性的变化。

1. 色相

色相是指色彩不同的相貌。色相中以红、橙、黄、绿、蓝、紫色代表着不同特征的色彩相貌。将红、橙、黄、绿、蓝、紫色首尾相接就可以形成色相环，也称之为纯度色环。

2. 明度

明度是指色彩的明暗程度。在无彩色中明度最高的是白色，明度最低的是黑色。从白色到黑色中间出现一系列明度不等的灰色。

在有彩色中也有明度的差别，最亮的是黄色，最暗的是紫黑色，其他色彩居中。

当任何一个色相混入白色时，明度会提高；混入黑色时明度会降低；混入不同灰色明度会有不同的变化。

3．纯度

纯度是指色彩的鲜、浊度。色相环中的红、橙、黄、绿、蓝、紫都是高纯度的颜色，高纯度颜色通过和白色、黑色、灰色调和，可以产生不同纯度的颜色。

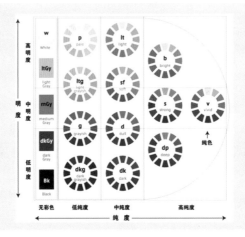

7.2　调色实战

7.2.1　调整太暗的图片

分析：图像整体色调太暗，没有高光，要提高画面的亮度，让高光、阴影层次明显，最佳的调色命令为"色阶"命令。

素材：Ch07 > 素材 > 调整太暗的图片 > 01。

效果：Ch07 > 效果 > 调整太暗的图片。

制作要点：使用"色阶"命令调整图片明暗。

操作视频　　扩展案例

（1）打开素材 01，整体色调太暗，没有高光。

整体太暗，没有高光

（2）选择"图像 > 调整 > 色阶"命令，弹出对话框，向左拖曳右侧的滑块，提高画面亮度。

通道：RGB

输入色阶(I)：

数值设置

0　　1.06　　123

7.2.2　调整太亮的图片

after

before

分析：图像整体色调太亮，阴影不明显，要调暗画面，让高光、阴影层次明显，最佳的调色命令为"色阶"命令。

素材：Ch07 > 素材 > 调整太亮的图片 > 01。

效果：Ch07 > 效果 > 调整太亮的图片。

制作要点：使用"色阶"命令调整图片明暗。

操作视频　　扩展案例

（1）打开素材 01，整体色调太亮，阴影不明显。

（2）选择"图像 > 调整 > 色阶"命令，弹出对话框，向右拖曳左侧的滑块，调暗画面。

7.2.3 调整偏红的图片

分析： 图像上的人物面部发红，要略微减少红色、提亮皮肤，最佳的调色命令为"曲线"命令。

素材：Ch07 > 素材 > 调整偏红的图片 > 01。
效果：Ch07 > 效果 > 调整偏红的图片。
制作要点：使用"曲线"命令提亮皮肤。

（1）打开素材 01，图像上的人物面部发红，需要提亮皮肤。

（2）选择"图像 > 调整 > 曲线"命令，弹出对话框，选择"红"通道，略微向下拖曳曲线，减少红色。

（3）选择"RGB"通道，略微向上拖曳曲线，提亮皮肤。

7.2.4 调整不饱和的图片

分析： 云彩部分色彩不饱和，没有日光照射的效果。可以选取图像上方的云彩部分，调整饱和度。最佳的调色命令为"色相/饱和度"命令。

素材： Ch07 > 素材 > 调整不饱和的图片 > 01。

效果： Ch07 > 效果 > 调整不饱和的图片。

制作要点： 使用"矩形选框"工具选取云彩，使用"色相/饱和度"调整层调整图像饱和度。

操作视频

扩展案例

（1）打开素材 01，云彩部分色彩不饱和，没有日光照射的效果。

（2）选择"矩形选框"工具田，绘制矩形选区，选取图像上方的云彩部分。

（3）单击"图层"控制面板下方的"创建新的填充或调整图层"按钮 ，选择"色相／饱和度"命令，弹出控制面板，调整饱和度。

7.2.5 制作高贵项链

分析： 整体图像暗沉，产品不突出，达不到宣传的效果。可以选取图像高光区域，提高产品的亮度，让高光、阴影层次明显，最佳的调色命令为"可选颜色""色彩平衡""曲线"和"色阶"命令。最后配上宣传文字，以更好地宣传产品。

素材： Ch07 > 素材 > 制作高贵项链 > 01。
效果： Ch07 > 效果 > 制作高贵项链。
制作要点： 使用快捷键载入高光区域，使用"反选"命令和"复制图层"命令反选并复制图像，使用混合模式和不透明度混合图像，使用"可选颜色""色彩平衡""曲线"和"色阶"命令调整图像颜色，使用"画笔"工具添加高光，使用"横排文字"工具和"字符"控制面板添加文字。

操作视频　　扩展案例

（1）打开素材 01。按 Ctrl+Alt+2 组合键，载入图像高光区域选区。

（2）按 Ctrl+Shift+I 组合键，将选区反选。按 Ctrl+J 组合键，复制选区中的图像。

（3）在"图层"控制面板上方，将混合模式选项设为"滤色"，"不透明度"选项设为 30%，调整图像。

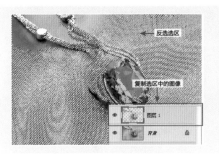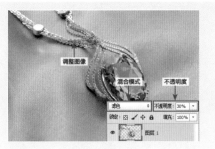

（4）单击"图层"控制面板下方的"创建新的填充或调整图层"按钮，在弹出的菜单中选择"可选颜色"命令，在弹出的控制面板中选择"蓝色"，将"黑色"设为 11%，调整图像。

（5）选择"白色"，将"黑色"设为 −11%，调整图像。

（6）选择"黑色"，将"黑色"设为 15%，调整图像。

（7）单击"图层"控制面板下方的"创建新的填充或调整图层"按钮，在弹出的菜单中选择"色彩平衡"命令，在弹出的控制面板中选择"高光"，将"黄色"设为 −12%，调整图像。

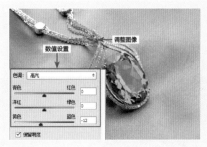

（8）选择"高光"，将"蓝色"设为 15，调整图像。

（9）按 Ctrl+Alt+Shift+E 组合键，盖印可见层。按 Ctrl+Alt+2 组合键，载入高光选区。按 Ctrl+Shift+I 组合键，将选区反选。

（10）单击"图层"控制面板下方的"创建新的填充或调整图层"按钮，在弹出的菜单中选择"曲线"命令，在弹出的控制面板中将"预设"选项设为"较亮（RGB）"，调整图像。

（11）单击"图层"控制面板下方的"创建新的填充或调整图层"按钮，在弹出的菜单中选择"色阶"命令，在弹出的控制面板中调整阴影和高光的输入色阶，调整图像。

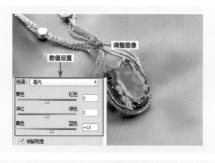

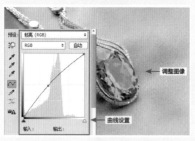

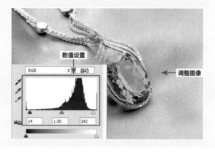

（12）按 Ctrl+Alt+Shift+E 组合键，盖印可见层。选择"画笔"工具 ，单击属性栏中"画笔"选项右侧的按钮 ，在弹出的面板中单击右上方的 按钮，追加"混合画笔"，选择并设置画笔，在图像上单击添加高光。

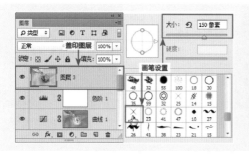

（13）按 Ctrl+J 组合键，复制图像。在"图层"控制面板上方，将混合模式选项设为"柔光"，"不透明度"选项设为 80%，调整图像。

（14）将前景色设为白色。选择"横排文字"工具 ，输入需要的文字并选取文字，在属性栏中选择合适的字体并设置文字的大小。

（15）选择"窗口 > 字符"命令，弹出"字符"控制面板，分别设置行距和字距，调整文字。

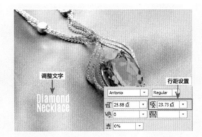

7.2.6　制作日系暖色调照片

分析： 日系暖色调的特点是柔和、清新、淡雅。在处理时通常要提亮暗部，降低饱和度，最佳的调色命令为"曲线""色相／饱和度""可选颜色"和"照片滤镜"命令。

素材： Ch07＞素材＞制作日系暖色调照片＞01。

效果： Ch07＞效果＞制作日系暖色调照片。

制作要点： 使用混合模式和不透明度混合图像，使用"曲线""色相／饱和度""可选颜色"和"照片滤镜"命令调整图像颜色。

操作视频

扩展案例

（1）打开素材 01。按 Ctrl+J 组合键，复制"背景"图层。

（2）设置"图层 1"的混合模式为"滤色"，"不透明度"为 60%。

（3）单击"图层"控制面板下方的"创建新的填充或调整图层"按钮 ，在弹出的菜单中选择"曲线"命令，在弹出的控制面板中选择"红"通道，向上拖曳最下边的控制点。

（4）选择"绿"通道，向右拖曳最下边的控制点。

（5）选择"蓝"通道，向上拖曳最下边的控制点。

（6）单击"图层"控制面板下方的"创建新的填充或调整图层"按钮 ，在弹出的菜单中选择"色相／饱和度"命令，在弹出的控制面板中设置"饱和度"为 −13，"明度"为 14。

（7）单击"图层"控制面板下方的"创建新的填充或调整图层"按钮 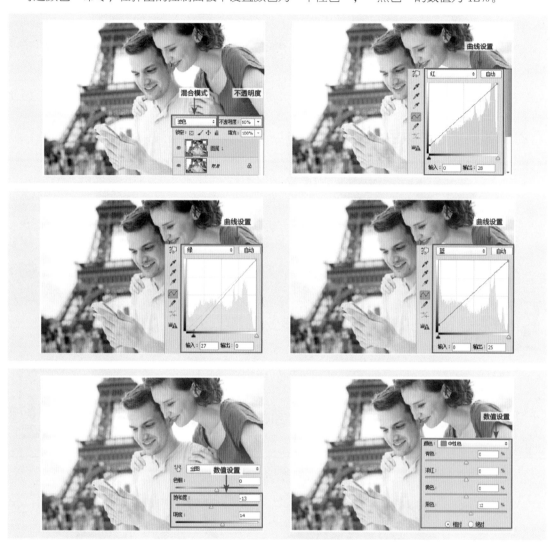，在弹出的菜单中选择"可选颜色"命令，在弹出的控制面板中设置颜色为"中性色"，"黑色"的数值为12%。

（8）单击"图层"控制面板下方的"创建新的填充或调整图层"按钮 ，在弹出的菜单中选择"照片滤镜"命令，在弹出的控制面板中单击颜色的色块，设置颜色为黄色（225、219、77），"浓度"为18%。

7.2.7　制作 LOMO 色调照片

分析: LOMO 色调的特点是色彩异常鲜艳, 对比强烈, 图像四周有暗角。在处理时要提高图像的对比度和饱和度, 并制作暗角效果。最佳的调色命令为"曲线""可选颜色"和"照片滤镜"命令。

素材: Ch07 > 素材 > 制作 LOMO 色调照片 > 01。

效果: Ch07 > 效果 > 制作 LOMO 色调照片。

制作要点: 使用"曲线""可选颜色"和"照片滤镜"命令调整图像颜色, 使用"椭圆选框"工具、"羽化"命令和"反选"命令绘制选区, 使用"填充"命令和混合模式混合图像。

操作视频

扩展案例

（1）打开素材 01。单击"图层"控制面板下方的"创建新的填充或调整图层"按钮 ⬛, 在弹出的菜单中选择"曲线"命令, 在弹出的控制面板中调整曲线为"S"型。

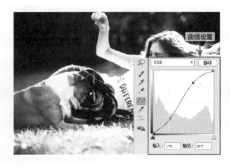

（2）单击"图层"控制面板下方的"创建新的填充或调整图层"按钮 ⬛, 在弹出的菜单中选择"可选颜色"命令, 在弹出的控制面板中选择"颜色"为红色, 设置"青色"为 –100%, "洋红"为 0%, "黄色"为 100%。

（3）单击"图层"控制面板下方的"创建新的填充或调整图层"按钮 ⬛, 在弹出的菜单中选择"照片滤镜"命令, 在弹出的控制面板中选择滤镜为"加温滤镜 85", 设置"浓度"为 45%。

（4）选择"椭圆选框"工具 ⊙ ，在图像中绘制椭圆选区。

（5）按Shift+F6组合键，弹出对话框，设置羽化半径为150像素，羽化选区。

（6）按Ctrl+Shift+I组合键，将选区反选。

（7）设置前景色为暗红色（150、70、50）。新建图层"图层1"，填充前景色，并取消选区。

（8）设置"图层1"的混合模式为"正片叠底"，添加文字，制作LOMO色调照片操作完成。

7.2.8　制作黑白色调照片

分析：黑白色调的特点是对比强烈，使人物更有立体感。在处理时要加强图像的对比度。最佳的调色命令为"Camera Raw"命令。

素材：Ch07 > 素材 > 制作黑白色调照片 > 01。

效果：Ch07 > 效果 > 制作黑白色调照片。

制作要点：使用"Camera Raw"命令调整图像。

操作视频　　扩展案例

（1）将01素材"打开为"Camera Raw 文件。

（2）设置"曝光"为0.85，"黑色"为30，"清晰度"为55，"对比度"为30，"高光"为−20。

（3）单击"HSL/灰度"按钮，勾选"转换为灰度"复选框，使图片变为黑白效果，提高黄色，增加头发的亮度，黄色为100。

（4）单击"打开图像"按钮，将照片另存即可完成操作。

7.2.9　制作日落海滨照片

分析: 图像是一张落日时拍摄的照片,但是天空仍然很亮,看不出夕阳的感觉,整体色调偏灰,没有明暗对比,色彩不够饱满。在处理时要降低图像亮度,增强对比度,调整图像的色调。最佳的调色命令为"曲线"和"亮度 / 对比度"命令。

素材: Ch07 > 素材 > 制作日落海滨照片 > 01
效果: Ch07 > 效果 > 制作日落海滨照片
制作要点: 使用"曲线"和"亮度 / 对比度"调整层调整整体图像,使用"矩形选框"工具、"椭圆选框"工具和"羽化"命令绘制和羽化选区,使用"曲线""亮度 / 对比度"调整层和"画笔"工具调整图像。

（1）打开素材 01。单击"图层"控制面板下方的"创建新的填充或调整图层"按钮，在弹出的菜单中选择"曲线"命令，在弹出的控制面板中调整两端的端点。

 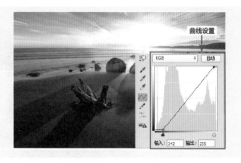

（2）单击"图层"控制面板下方的"创建新的填充或调整图层"按钮，在弹出的菜单中选择"亮度 / 对比度"命令，在弹出的控制面板中设置"亮度""对比度"值，降低亮度。

（3）选择"矩形选框"工具，绘制选区。选择"选择 > 修改 > 羽化"命令，弹出对话框，羽化选区。

（4）单击"图层"控制面板下方的"创建新的填充或调整图层"按钮 ，在弹出的菜单中选择"曲线"命令，在弹出的控制面板中向上调整曲线，调亮高光。

（5）选择"矩形选框"工具，绘制选区。选择"选择 > 修改 > 羽化"命令，弹出对话框，羽化选区。

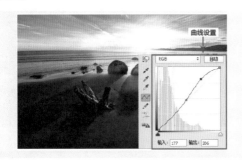

（6）单击"图层"控制面板下方的"创建新的填充或调整图层"按钮，在弹出的菜单中选择"亮度 / 对比度"命令，在弹出的控制面板中设置"亮度""对比度"值，降低亮度。

（7）单击"图层"控制面板下方的"创建新的填充或调整图层"按钮，在弹出的菜单中选择"曲线"调整层，弹出面板，选择"红"通道，向上调整曲线，调亮图像。

（8）选择"蓝"通道，向下调整曲线，调暗图像。

（9）设置前景色为黑色。选择"画笔"工具，选择适合的画笔，在图像上的适当位置进行涂抹。

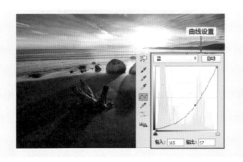

（10）单击"图层"控制面板下方的"创建新的填充或调整图层"按钮，在弹出的菜单中选择"曲线"命令，在弹出的控制面板中调整曲线，调暗图像。选择"画笔"工具，选择适合的画笔，在图像上的适当位置进行涂抹。

（11）选择"椭圆选框"工具，绘制选区。按 Ctrl+Shift+I 组合键，将选区反向。

（12）按 Shift+F6 组合键，弹出对话框，设置羽化半径为 100 像素，羽化选区。

（13）单击"图层"控制面板下方的"创建新的填充或调整图层"按钮 ，在弹出的菜单中选择"曲线"命令，在弹出的控制面板中调整曲线，调暗图像。

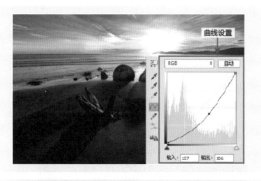

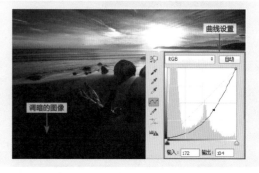

7.3 商业综合实例——制作腕表广告

分析：本例提供了 1 张明暗变化不明显的图片，根据前面所学的调色技法，需要突出产品的特色和品质，根据需要选择最佳的调色命令。

素材：Ch07 > 素材 > 制作腕表广告 > 01。

效果：Ch07 > 效果 > 制作腕表广告。

制作要点：使用"自动颜色"命令校正图像颜色，使用"添加杂色"滤镜命令添加杂色，使用"曲线""曝光度""色阶""色彩平衡"和"照片滤镜"命令调整图像的颜色，使用图层蒙版和"画笔"工具擦出高光，使用"横排文字"工具添加文字。

（1）打开素材 01，图像的明暗变化不明显，需要突出产品的特色和品质。

（2）将"背景"图层拖曳到控制面板下方的"创建新图层"按钮 上，生成"背景 拷贝"图层。选择"图像 > 自动颜色"命令，校正图像颜色。

（3）选择"滤镜 > 杂色 > 添加杂色"命令，在弹出的对话框中进行设置，单击"确定"按钮，为图像添加杂色。

（4）按 Ctrl+Alt+3 组合键，载入高光选区。

（5）单击"图层"控制面板下方的"创建新的填充或调整图层"按钮 ，选择"曲线"命令，在"图层"控制面板中生成调整层，同时在弹出的控制面板中进行设置，提亮选区中的图像。

（6）按住 Ctrl 键的同时，单击"曲线 1"调整层的图层缩览图。

（7）单击"图层"控制面板下方的"创建新的填充或调整图层"按钮 ，选择"纯色"命令，弹出对话框，将颜色设为白色，单击"确定"按钮，填充选区。

（8）再次载入相同的选区。单击"图层"控制面板下方的"创建新的填充或调整图层"按钮 ，选择"曝光度"命令，在"图层"控制面板中生成调整层，同时在弹出的控制面板中进行设置，提亮选区中的图像。

（9）单击"图层"控制面板下方的"创建新的填充或调整图层"按钮 ⚫️，选择"曲线"命令，在"图层"控制面板中生成调整层，同时在弹出的控制面板中进行设置，降低图像亮度。

（10）单击"图层"控制面板下方的"创建新的填充或调整图层"按钮 ⚫️，选择"色阶"命令，在"图层"控制面板中生成调整层，同时在弹出的控制面板中进行设置，提高图像的中间调。

（11）单击"图层"控制面板下方的"创建新的填充或调整图层"按钮 ⚫️，选择"色彩平衡"命令，在"图层"控制面板中生成调整层，同时在弹出的控制面板中进行设置，调整图像颜色。

（12）单击"图层"控制面板下方的"创建新的填充或调整图层"按钮 ⚫️，选择"照片滤镜"命令，在"图层"控制面板中生成调整层，同时在弹出的控制面板中，将"颜色"选项设为蓝色（0、17、236），"浓度"选项设为7%，调整图像颜色。

（13）将"背景"图层拖曳到控制面板下方的"创建新图层"按钮 ▣ 上，生成"背景 拷贝 2"图层，并将其拖曳到所有图层的上方。单击"图层"控制面板下方的"添加图层蒙版"按钮 ▣，为图层添加蒙版。

（14）将前景色设为黑色。选择"画笔"工具 ✐，在属性栏中选择并设置画笔，将"不透明度"选项设为54%，在图像窗口中擦出高光。

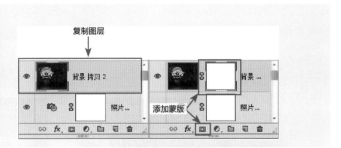

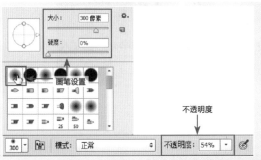

（15）将前景色设为白色。选择"横排文字"工具 $\boxed{\text{T}}$ ，在属性栏中设置适当的字体和文字大小，在图像窗口中分别输入需要的文字。

（16）选取"尼尔士机械男表"文字，按 Alt+ → 组合键，调整文字字距。

（17）分别选取其他文字，调整其他文字字距。

（18）选择"圆角矩形"工具 $\boxed{\text{■}}$ ，在属性栏的"选择工具模式"选项中选择"形状"，将"半径"选项设为 60 像素，绘制圆角矩形。

（19）单击"图层"控制面板下方的"添加图层样式"按钮 $\boxed{fx}$ ，在弹出的菜单中选择"渐变叠加"

命令，弹出对话框，单击"渐变"选项右侧的"点按可编辑渐变"按钮 ，在弹出的对话框中选取需要的渐变预设，单击"确定"按钮，为图形叠加渐变。

（20）单击"图层"控制面板下方的"添加图层样式"按钮 *fx.*，在弹出的菜单中选择"斜面和浮雕"命令，在弹出的对话框中进行设置，单击"确定"按钮，为图形添加斜面和浮雕。

（21）将前景色设为黑色。选择"横排文字"工具 T，在属性栏中设置适当的字体和文字大小，在图像窗口中输入需要的文字。

7.4 课堂练习——调整偏绿的图片

分析：图像上绿色草丛比较暗，尤其是草丛下方更加暗，与晴朗的天空不和谐。要略微增加绿色、调亮图像，最佳的调色命令为"曲线"命令。

操作视频

素材：Ch07 > 素材 > 调整偏绿的图片 > 01。

效果：Ch07 > 效果 > 调整偏绿的图片。

制作要点：使用"魔棒"工具、"反选"命令和"羽化"命令生成选区，使用"曲线"命令调整图片颜色。

7.5 课后习题——制作糖水色调照片

分析：糖水色调的特点是皮肤偏暖，背景偏冷，人物与背景有较大的对比，可以突出人物的甜美。在处理时通常要为人物的脸部进行磨皮，使人物的皮肤呈现出白嫩、柔和的色调。再将颜色模式转换为 Lab 模式，制作出糖水色调的效果。

素材：Ch07 > 素材 > 制作糖水色调照片 > 01。

效果：Ch07 > 效果 > 制作糖水色调照片。

制作要点：使用"动作"面板载入和运用磨皮动作，使用"模式"命令调整图像模式，使用"通道"控制面板全选、复制和粘贴通道制作糖水色调的效果，使用"色彩平衡"命令调整图像。

操作视频

第 8 章

08

合成

合成的应用非常广泛，就是应用合成技术将多张不同的图像整合到一个画面里。应用好 Photoshop 的多种合成工具和命令，掌握好基本的合成方法，我们就能制作出充满想象力的创意设计作品。

本章介绍

课堂学习目标	了解合成的基础。
	掌握合成图像的方法和技巧。

8.1　合成基础

　　合成就是根据工作的需求，使用图像合成工具和相关命令将多幅图像合并为一幅图像。合成技术在设计领域的应用非常广泛。

8.2　合成实战

8.2.1　添加涂鸦

　　分析： 涂鸦是街头文化的一部分，是一种带有时代色彩的艺术行为。图像整体色调偏亮，内容不够丰满，在处理时使用"色阶"命令调暗画面，使用图层混合模式和"变换"命令添加墙壁涂鸦效果。

　　素材： Ch08 > 素材 > 添加涂鸦 > 01、02。
　　效果： Ch08 > 效果 > 添加涂鸦。
　　制作要点： 使用"色阶"命令调整图片，使用"多边形套索"工具和"复制"命令绘制和复制选区中的图像，使用混合模式制作图片的混合，使用"曲线"命令调整图像。

操作视频　　扩展案例

　　（1）打开素材 01，需要调整图像的光线并添加涂鸦效果。

　　（2）单击"图层"控制面板下方的"创建新的填充或调整图层"按钮 ⊙，在弹出的菜单中选择"色阶"命令，在弹出的控制面板中设置输入色阶，调整图像。

　　（3）选择"多边形套索"工具 ⊻，在图像上绘制选区。选择"背景"图层，按 Ctrl+J 组合键，复制选区中的图像并生成新的图层。

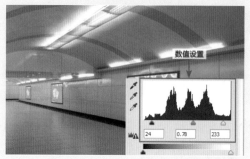

（4）将复制的图层拖曳到所有图层的上方，调整图层顺序，并重命名图层。

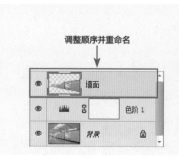

（5）打开素材 02，选择"移动"工具，将图片拖曳到适当的位置，并调整大小。

（6）按 Ctrl+T 组合键，在图像周围生成变换框，单击鼠标右键，在弹出的菜单中选择"扭曲"命令，调整图像，按 Enter 键确认操作。

（7）在"图层"控制面板上方将混合模式选项设为"颜色加深"，调整图像。

（8）选择"多边形套索"工具 ☑，在图像上绘制选区。

（9）选择"背景"图层，按 Ctrl+J 组合键，复制选区中的图像并生成新的图层。将复制的图层拖曳到所有图层的上方，调整图层顺序。

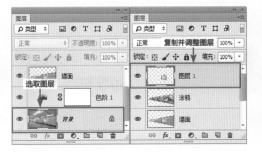

（10）用上述方法制作另外两个图像，将需要的图层同时选取，按 Ctrl+E 组合键，合并图层并重命名。

（11）单击"图层"控制面板下方的"创建新的填充或调整图层"按钮 ◉，在弹出的菜单中选择"曲线"命令，在弹出的控制面板中添加节点调整曲线。

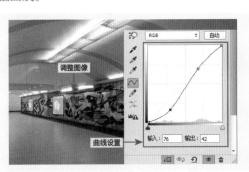

8.2.2 贴合图片

分析： 为了画面不显单调，可以为光洁的物体添加图案。在处理时使用"加深"工具和"减淡"工具将图案的颜色进行调整，再为图像添加文字。

156

素材： Ch08 > 素材 > 贴合图片 > 01 ～ 03。

效果： Ch08 > 效果 > 贴合图片。

制作要点： 使用"加深""减淡""锐化"和"模糊"工具制作图片的融合，使用"移动"工具添加文字。

（1）打开素材01、02。将02图像拖曳到01图像窗口的下方。

（2）选择"加深"工具，在属性栏中选取并设置画笔，将"大小"选项设为125像素。在花朵图像上拖曳鼠标，加深图像。

（3）选择"减淡"工具，在属性栏中选取并设置画笔，将"大小"选项设为65像素。在花瓣图像的边缘拖曳鼠标，减淡边缘。

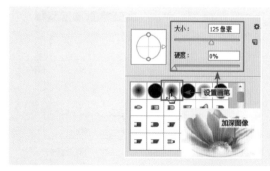

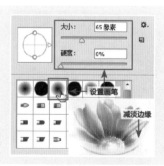

（4）选择"锐化"工具 ，在属性栏中选取并设置画笔，将"大小"选项设为100像素。在花蕊上拖曳鼠标，锐化花蕊。

（5）选择"模糊"工具，在花朵图像上拖曳鼠标，模糊花朵。

（6）打开素材03。选择"移动"工具，将文字拖曳到图像窗口的上方。

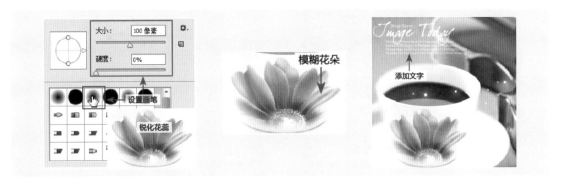

8.2.3 添加标识

分析：为了使图像更加富有商业气息，可以为图像中的商品添加标识。在处理时可以先绘制一个框架并存储为智能对象，使用"变形"命令将框架变形，再将标识添加到智能对象中。

素材： Ch08 > 素材 > 添加标识 > 01、02。

效果： Ch08 > 效果 > 添加标识。

制作要点：使用"自定形状"工具绘制网格，使用"转换为智能对象"命令将网格图层转换为智能对象，使用"变换"命令变形网格，使用"移动"工具添加标识，使用"投影"命令添加标识投影，使用"高斯模糊"命令模糊标识，使用混合模式和不透明度制作标识融合。

操作视频

扩展案例

（1）打开素材01，为化妆品添加标识。

（2）选择"自定义形状"工具，在属性栏中弹出形状选择面板中选择需要的形状图形，在"选择工具模式"选项中选择"形状"，绘制形状。

（3）在形状图层上单击鼠标右键，在弹出的菜单中选择"转换为智能对象"命令，将形状图层转换为智能对象图层。

（4）按Ctrl+T组合键，在图像周围出现变换框，单击鼠标右键，在弹出的菜单中选择"变形"命令，显示"变形"变换框。

（5）将右下角的控制手柄拖曳到适当的位置。

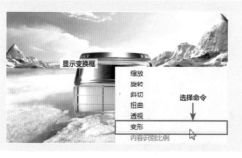

（6）用相同的方法拖曳左上角的控制手柄到适当的位置。

（7）将鼠标指针置于左侧的变换框上，向左拖曳变换框到适当的位置。

（8）用相同的方法调整其他节点和变换框。

（9）按 Enter 键确认操作，应用变形效果，使绘制的图形与化妆品轮廓贴合。

（10）双击形状图层，将智能对象在新图像窗口中打开。

（11）打开素材02。选择"移动"工具 ，将标识拖曳到新图像窗口适当的位置，并调整其大小，生成"图层2"。

（12）按住 Alt 键的同时，单击"图层2"，隐藏其他图层。

（13）按 Ctrl+S 组合键，存储图像，并关闭文件。返回化妆品图像窗口中。

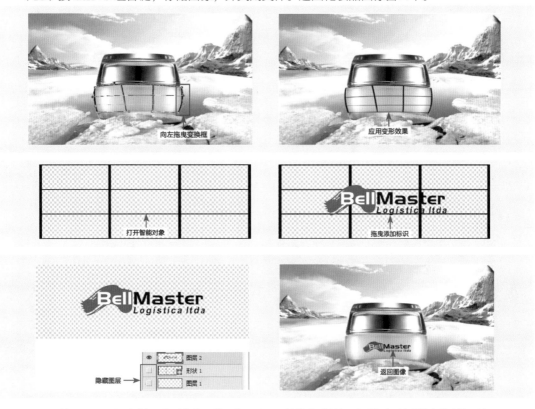

（14）按 Ctrl+J 组合键，复制"形状 1"图层，并将复制的图层拖曳到形状图层的下方。

（15）单击"形状 1"图层左侧的眼睛图标，隐藏该图层。选取复制的形状图层。

（16）单击"图层"控制面板下方的"添加图层样式"按钮，在弹出的菜单中选择"投影"命令，在弹出的对话框中进行设置，为标识添加投影效果，单击"确定"按钮。

（17）选择"滤镜 > 模糊 > 高斯模糊"命令，在弹出的对话框中进行设置，单击"确定"按钮，为标识添加模糊效果。

（18）在"图层"控制面板上方，将图层的混合模式选项设为"正片叠底"，"不透明度"选项设为60%，调整图像。

（19）单击形状图层左侧的空白图标 ▨，显示该图层，并选取"形状1"图层。

（20）在"图层"控制面板上方，将图层的混合模式选项设为"正片叠底"，调整图像。

8.2.4　添加文身

分析： 为了增加人物的时尚气息，可以为人物添加文身图案。在处理时将图案进行变形，使用图层混合模式为人物添加文身效果。

素材：Ch08 > 素材 > 添加文身 > 01、02。

效果：Ch08 > 效果 > 添加文身。

制作要点：使用"变换"和"变形"命令调整文身图案，使用混合模式和不透明度融合文身图案。

操作视频　　扩展案例

（1）打开素材 01、02。选择"移动"工具 ，将 02 图像拖曳到 01 图像窗口中。

（2）按 Ctrl+T 组合键，图像周围出现变换框。

（3）按住 Shift 键的同时，调整图像的大小并将其拖曳到适当的位置，按 Enter 键确认操作。

（4）选择"编辑 > 变换 > 变形"命令，图像周围出现变形网格，调整节点变形图像，按 Enter 键确认操作。

（5）在"图层"控制面板上方将"不透明度"选项设为 65%。按 Ctrl+J 组合键，复制图层。

（6）在"图层"控制面板上方将图层的混合模式选项设为"饱和度"，将"不透明度"选项设为 75%。

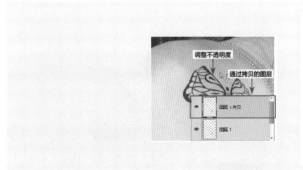

8.2.5 制作手绘

分析： 在空白的书本图像中添加手绘的图形可以使单调的画面生动起来，制作图形立体效果让画面更具有趣味性。在处理时将图形变换后添加阴影，使用蒙版制作手绘图形效果，使用"曲线"命令调整图像亮度。

素材： Ch08 > 素材 > 制作手绘 > 01、02。

效果： Ch08 > 效果 > 制作手绘。

制作要点： 使用"自由变换"命令变换图像，使用图层蒙版和"画笔"工具擦除不需要的图像，使用"填充"命令和"不透明度"选项制作暗影，使用"高斯模糊"命令模糊阴影，使用"滤镜库"命令和混合模式制作手绘效果，使用"曲线"命令调整图像颜色。

操作视频

扩展案例

Photoshop CC 核心应用实战（智慧学习版）

162

（1）打开素材 01、02。选择"移动"工具 ，将 02 图像拖曳到 01 图像窗口中适当的位置。

（2）按 Ctrl+T 组合键，图像周围出现变换框，拖曳鼠标旋转图像，按 Enter 键确认操作。

（3）添加图层蒙版。将前景色设为黑色。选择"画笔"工具 ，在属性栏中选取并设置画笔，设置"大小"选项为 100 像素，擦除不需要的图像。

（4）按 Ctrl+J 组合键，复制图层。按住 Ctrl 键的同时，单击复制图层的缩览图，生成选区。用前景色填充选区，并取消选区。

（5）在"图层"控制面板上方，将复制图层的"不透明度"选项设为42%。

（6）按 Ctrl+T 组合键，图像周围出现变换框，单击鼠标右键选择"扭曲"命令，分别拖曳控制手柄扭曲图像，按 Enter 键确认操作。

（7）单击复制图层的图层蒙版缩览图。选择"画笔"工具✐，在图像窗口中拖曳鼠标擦除不需要的图像。

（8）选择"滤镜 > 模糊 > 高斯模糊"命令，弹出"高斯模糊"对话框，将"半径"选项设为4像素，单击"确定"按钮。

（9）将复制的图层拖曳到原图层的下方。

（10）选取原图层。按 Ctrl+J 组合键，复制图层，并将复制的图层拖曳到原图层的下方。

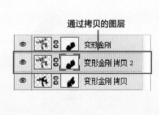

（11）将前景色设为白色。单击图层的图层蒙版缩览图，按 Alt+Delete 组合键，用前景色填充蒙版。

（12）单击原图层左侧的眼睛图标👁，将图层隐藏。

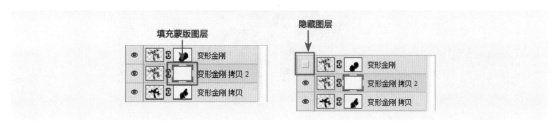

（13）单击复制图层左侧的图层缩览图。按 Ctrl+T 组合键，图像周围出现变换框，单击鼠标右键选择"扭曲"命令，拖曳控制手柄扭曲图像，按 Enter 键确认操作。

（14）单击图层的图层蒙版缩览图。将前景色设为黑色。选择"画笔"工具，在属性栏中设置"大小"选项为 175 像素，擦除不需要的图像。

（15）显示图层。选择"滤镜 > 滤镜库"命令，在弹出的对话框中进行设置，单击"确定"按钮。

（16）在"图层"控制面板上方，将图层的混合模式选项设为"正片叠底"。

（17）单击"图层"控制面板下方的"创建新的填充或调整图层"按钮，在弹出的菜单中选择"曲线"命令，在弹出的控制面板中调整曲线，调亮图像。

（18）新建"阴影"图层。选择"画笔"工具，在属性栏中设置画笔形状，在图像窗口中拖曳鼠标绘制图像。

（19）在"图层"控制面板上方，将"阴影"图层的混合模式选项设为"柔光"。

8.2.6 贴合纹理

分析： 为了更好地将茶壶展现出来，可以为茶壶添加纹理。在处理时，将图案图像去色，使用"液化"滤镜对图案进行变形，使用图层混合模式制作纹理贴合效果。

素材： Ch08 > 素材 > 贴合纹理 > 01、02。

效果： Ch08 > 效果 > 贴合纹理。

制作要点： 使用"去色"命令去除纹理颜色，使用"钢笔"工具勾出茶壶路径，使用图层蒙版和混合模式融合纹理，使用"液化"命令处理纹理，使用"画笔"工具擦除不需要的图像。

（1）打开素材 01，需要为茶壶图形添加纹理。

（2）打开素材 02。选择"移动"工具 ，将图像拖曳到 01 图像窗口中适当的位置，并调整大小，生成新图层"图片"。

（3）选择"图像 > 调整 > 去色"命令，将图像去色。

（4）单击"图片"图层左侧的眼睛图标 ，隐藏图层。选择"钢笔"工具 ，在属性栏的"选择工具模式"选项中选择"路径"，沿着茶壶勾勒路径。

（5）按 Ctrl+Enter 组合键，将路径转化为选区。

（6）单击"图片"图层左侧的空白图标▣，显示隐藏的图层。

（7）单击"添加图层蒙版"按钮▣，为图层添加蒙版。显示勾勒出的茶壶形状。

（8）在"图层"控制面板上方，将该图层的混合模式选项设为"柔光"，调整图像。

（9）按 Ctrl+J 组合键，复制图层。单击图层和蒙版之间的链接图标，取消链接。

（10）单击复制图层的图层缩览图，选取图层图像。

（11）选择"滤镜 > 液化"命令，弹出对话框。

（12）勾选"显示网格"复选框，显示网格对象。勾选"显示背景"复选框，显示下方的所有图层。

（13）选择"膨胀"工具▣，设置"画笔大小"为 700，"画笔密度"为 50，"画笔速率"为 80。

（14）将鼠标指针置于适当的位置，连续单击对图像进行膨胀操作。

（15）选择"向前变形"工具▣，设置"画笔大小"为 300，"画笔密度"为 50，"画笔压力"为 100。

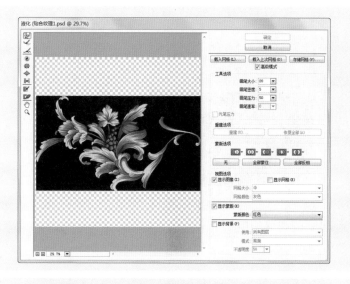

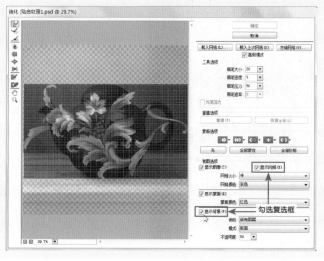

勾选复选框

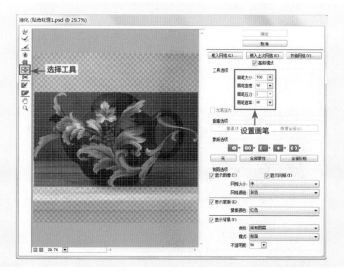

选择工具

设置画笔

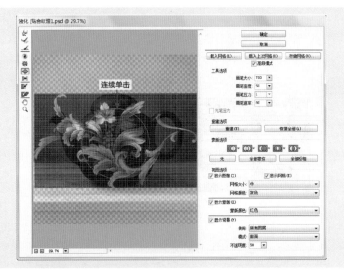

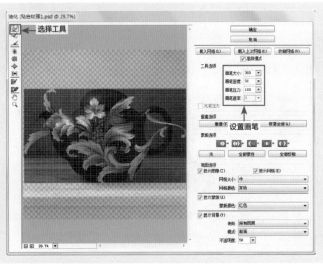

（16）将鼠标指针置于适当的位置，拖曳鼠标使图像变形。

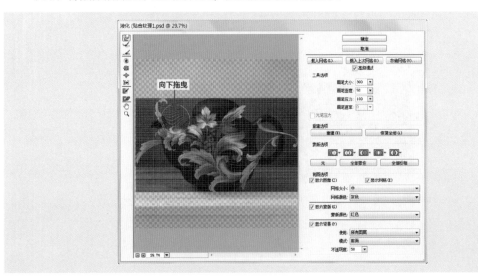

（17）按键盘上的 [键和] 键，对画笔大小进行调整，对图像其他位置进行变形操作。

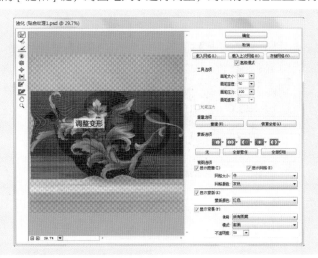

（18）选择"褶皱"工具 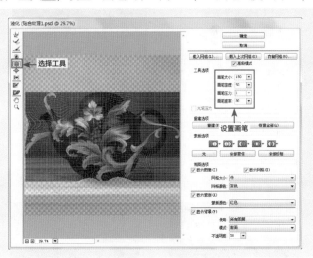，设置"画笔大小"为 150，"画笔密度"为 50，"画笔速率"为 80。

（19）将鼠标指针置于适当的位置，单击鼠标调整图像。

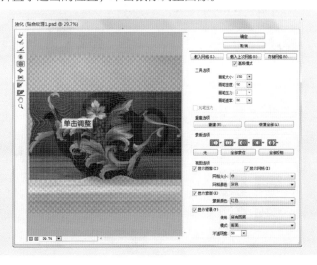

（20）单击"确定"按钮后，液化处理图像。

（21）单击选取复制图层的图层蒙版。

（22）选择"画笔"工具 ✐ ，在属性栏中选择需要的画笔，将"不透明度"选项设为58%，"流量"选项设为53%，按键盘上的 [键和] 键调整画笔大小，在图像窗口中擦除不需要的图像。

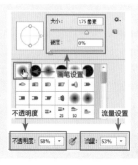

（23）单击"图层"控制面板下方的"添加图层样式"按钮 fx. ，选择"混合选项"命令，按住Alt键的同时，拖曳下方的选项滑块，调整混合选项。

（24）在"图层"控制面板上方，将"不透明度"选项设为65%，调整图像。

（25）单击选取"图片"图层的图层蒙版。选择"画笔"工具 ✐ ，在图像窗口中擦除不需要的图像。

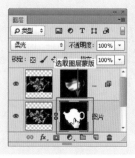

（26）单击"图层"控制面板下方的"创建新的填充或调整图层"按钮 ，在弹出的菜单中选择"亮度 / 对比度"命令，在弹出的控制面板中设置"亮度""对比度"值，调整图像。

（27）选择"横排文字"工具 T，在属性栏中选择合适的字体并设置文字大小，分别输入需要的文字。

（28）分别选取文字层，选择"窗口 > 字符"命令，在弹出的控制面板中调整行距，调整文字。

8.2.7 融合图片

分析： 图像略显单调，画面不够饱满。可以将乌龟与图像融合，增加图片的趣味性，弥补图像的不足。在处理时，使用"可选颜色"和"色相 / 饱和度"命令调整漂流瓶的颜色，使用图层蒙版制作融合的效果。

素材： Ch08 > 素材 > 融合图片 > 01、02。

效果： Ch08 > 效果 > 融合图片。

制作要点： 使用"可选颜色"命令调整图像颜色，使用"磁性套索"工具抠出酒瓶，使用"色相 / 饱和度"命令调整酒瓶颜色，使用图层蒙版和"画笔"工具擦除不需要的图像，使用"横排文字"工具和混合模式添加文字。

操作视频　　扩展案例

（1）打开素材01。单击"图层"控制面板下方的"创建新的填充或调整图层"按钮 ，在弹出的菜单中选择"可选颜色"命令，在弹出的控制面板中将颜色设为"绿色"，将"青色"选项设为 −50，"黄色"选项设为 −100。

（2）选择"背景"图层，选择"磁性套索"工具 ，沿着酒瓶边缘拖曳鼠标，绘制选区。

（3）按 Ctrl+J 组合键，在"图层"控制面板中生成新的图层并将其命名为"瓶子"。将该图层拖曳至所有图层最上方。

（4）单击"图层"控制面板下方的"创建新的填充或调整图层"按钮 ，在弹出的菜单中选择"色相/饱和度"命令，在弹出的控制面板中将"色相"选项设为 50，单击控制面板下方的"此调整剪切到此图层"按钮 ，创建剪贴蒙版。

（5）打开素材02。选择"移动"工具 ，将图像拖曳到01图像窗口中适当的位置。

（6）添加图层蒙版。将前景色设为黑色。选择"画笔"工具 ，在属性栏中选取并设置画笔，设置"大小"选项为 100 像素，在图像窗口中擦除不需要的图像。

（7）选择"横排文字"工具 ，输入需要的文字并选取文字，在属性栏中选择合适的字体并设置文字的大小。

（8）在"图层"控制面板上方，将该图层的混合模式选项设为"叠加"。

8.2.8　应用纹理

分析： 将人物头像处理成硬币的效果非常有趣。在处理时使用路径文字添加硬币文字，使用"浮雕效果"滤镜、"去色"命令、图层混合模式、"极坐标"滤镜制作硬币效果，使用"光照效果"滤镜调整硬币亮度。

素材： Ch08 > 素材 > 应用纹理 > 01、02。

效果： Ch08 > 效果 > 应用纹理。

制作要点： 使用"椭圆"工具和"横排文字"工具制作路径文字，使用"浮雕效果"滤镜制作浮雕效果，使用"去色"命令、图层样式、"渐变"工具和混合模式制作硬币效果，使用"极坐标"滤镜制作硬币边缘。

操作视频　　扩展案例

（1）打开素材 01。将前景色设为白色。新建"白色圆"图层。选择"椭圆"工具 ◉，在属性栏中的"选择工具模式"选项中选择"像素"选项，按住 Shift 键的同时，绘制一个圆形。

（2）打开素材02。选择"移动"工具 ，将02图像拖曳到01图像窗口中的适当位置，并调整其大小。

（3）选择"椭圆"工具 ，在属性栏中的"选择工具模式"选项中选择"路径"选项，按住Shift键的同时，绘制一个圆形。

（4）选择"横排文字"工具 ，在属性栏中选择合适的字体并设置文字大小，将光标停放在圆形路径上单击。

（5）输入需要的文字，选择"路径选择"工具 ，选取圆形路径，按Enter键，隐藏路径。

（6）按住Shift键的同时，单击"白色圆"图层，将需要的图层选取。按Ctrl+E组合键，合并图层。

（7）选择"滤镜 > 风格化 > 浮雕效果"命令，弹出对话框，设置选项，单击"确定"按钮。

（8）选择"图像 > 调整 > 去色"命令，去除图像颜色。

（9）单击"图层"控制面板下方的"添加图层样式"按钮 *fx*，在弹出的菜单中选择"渐变叠加"命令，弹出对话框，设置选项。

（10）选择"投影"选项，切换到相应的对话框，设置选项，单击"确定"按钮。

（11）单击"图层"控制面板下方的"创建新的填充或调整图层"按钮 ，在弹出的菜单中选择"曲线"命令，在弹出的控制面板中设置曲线，调整图像。

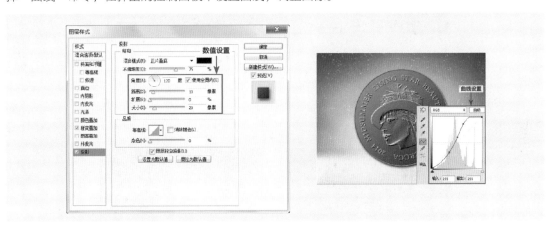

（12）单击控制面板下方的"此调整剪切到此图层"按钮 ，创建剪贴蒙版。

（13）新建"高光"图层。按 Alt+Ctrl+G 组合键，创建剪贴蒙版。选择"矩形选框"工具 ，绘制一个矩形选区。

（14）选择"渐变"工具 ，将渐变色设为从白色到黑色。单击属性栏中的"径向渐变"按钮 ，在矩形选区中从左上角向右下角拖曳渐变色，取消选区。

（15）在"图层"控制面板上方，将"高光"图层的混合模式选项设为"叠加"。

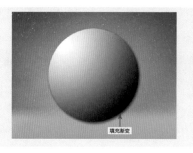 

（16）新建"纹理"图层，填充为白色。选择"滤镜 > 滤镜库"命令，弹出对话框，设置选项，单击"确定"按钮。

（17）选择"滤镜 > 扭曲 > 极坐标"命令，弹出对话框，设置选项，单击"确定"按钮。

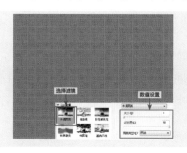 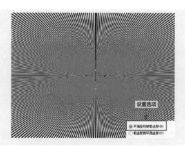

（18）按住 Alt 键的同时，添加遮盖蒙版。按住 Ctrl 键的同时，单击"合并效果"缩览图，载入选区。

（19）将前景色设为白色。选择"编辑 > 描边"命令，弹出"描边"对话框，设置选项，单击"确定"按钮。取消选区。

（20）单击"图层"控制面板下方的"添加图层样式"按钮 *fx.*，在弹出的菜单中选择"斜面和浮雕"命令，弹出对话框，设置选项，单击"确定"按钮。

（21）按 Alt+Shift+Ctrl+E 组合键，盖印图层。选择"滤镜 > 渲染 > 光照效果"命令，弹出控制面板，设置选项，在图像窗口中拖曳控制点调整光源大小，单击"确定"按钮。

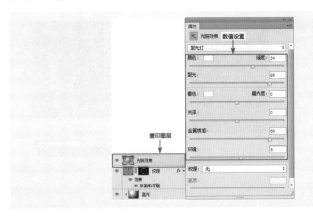

8.3 商业综合实例——制作立体书

分析： 将制作好的书籍封面处理成立体效果，能直观地展示书籍。在处理时可以将书籍进行透视处理，并添加阴影制作立体效果。使用多种"变换"命令制作书籍透视效果，使用图层样式和"高斯模糊"命令为书籍添加阴影，添加文字使画面饱满。

素材：Ch08 > 素材 > 制作立体书 > 01。

效果：Ch08 > 效果 > 制作立体书。

制作要点： 使用"高斯模糊"命令制作衔接部分，使用"透视"命令、"自由变换"命令和图层样式制作立体效果，使用"多边形套索"工具、图层蒙版和"渐变"工具制作阴影，使用"横排文字"工具添加文字。

操作视频　　扩展案例

1. 制作背景

（1）新建一个文件，宽度为 28.5 厘米，高度为 21 厘米，分辨率为 300 像素 / 英寸，效果最终用于印刷。

（2）新建图层。选择"矩形选框"工具，绘制选区。选择"渐变"工具，设置从浅黑色（23、23、23）到深黑色（39、39、39）的渐变，在选区中填充渐变色。取消选区。

（3）新建图层。选择"多边形套索"工具，绘制选区。选择"渐变"工具，设置从浅黑色（18、18、18）到深黑色（47、48、48）的渐变，在选区中填充渐变色。取消选区。

（4）按 Ctrl+Shift+Alt+E 组合键，盖印图层并将其命名为"模糊"。选择"滤镜 > 模糊 > 高斯模糊"命令，弹出对话框，设置半径为 4 像素。模糊的效果让边缘衔接得更柔和、自然。

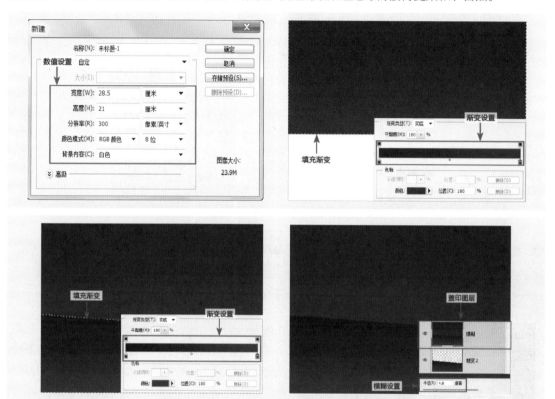

2. 制作立体效果

（1）打开素材 01，将其拖曳到新建的图像窗口中，适当调整位置。

（2）按 Ctrl+T 组合键，弹出变换框，在封面上单击鼠标右键，选择"透视"命令。

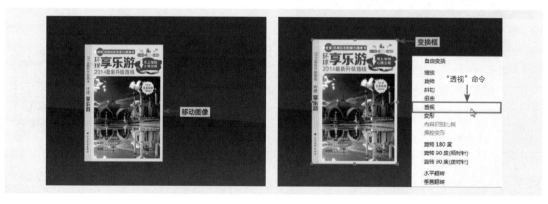

（3）向下拖曳右上角的控制手柄。

（4）在封面上单击鼠标右键，选择"自由变换"命令，调整封面至合适的形状。

（5）选择"矩形选框"工具，选取封面的书脊部分。

（6）选择"编辑 > 变换 > 透视"命令，将封面书脊部分调整为透视效果。

（7）单击"图层"控制面板下方的"添加图层样式"按钮，在弹出的菜单中选择"投影"命令，设置投影。

调整控制手柄

调整封面

绘制选区

透视变形

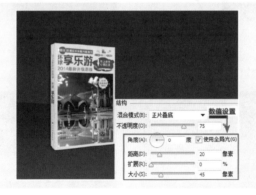

3．制作阴影

（1）选择"多边形套索"工具 ☑，绘制选区。

（2）新建图层并填充为黑色。添加图层蒙版并填充从黑色到白色的渐变。

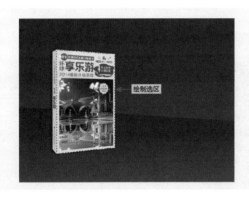

绘制选区

填充渐变

（3）选择"多边形套索"工具 ，绘制选区。

（4）新建图层并填充为黑色。添加图层蒙版并填充从黑色到白色的渐变。

（5）选取需要的图层，按 Ctrl+G 组合键，将其编组并命名为"书 2"。

（6）复制"书 2"图层组并将其命名为"书 1"，调整图形的大小及位置。

（7）新建图层并将其命名为"投影"。选择"多边形套索"工具 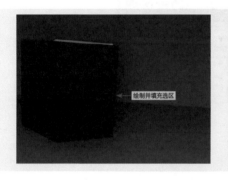，绘制选区并填充为黑色。

（8）使用"高斯模糊"命令给图形添加模糊效果。

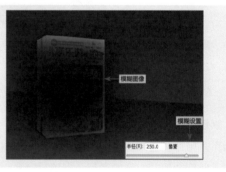

（9）将"投影"图层拖曳到"模糊"图层上方。

4.添加文字

（1）选择"书1"图层组。选择"横排文字"工具 $\boxed{T}$，在属性栏中设置适当的字体和文字大小，在页面中输入需要的黄色（244、195、34）文字。

（2）按 Ctrl+J 组合键，复制文字图层，并将其填充为白色。

（3）添加图层蒙版并填充从黑色到白色的渐变。

（4）选择"横排文字"工具 $\boxed{T}$，在页面中输入需要的黄色文字。

8.4　课堂练习——制作手机广告

分析：在制作手机广告时，可以添加合适的阴影制作出逼真的立体效果，具有科技感的背景能够突出手机的特点。在处理时可以使用"渐变"工具绘制背景，使用"高斯模糊"命令、图层蒙版、"画笔"工具和图层样式制作阴影。

素材：Ch08 > 素材 > 制作手机广告 > 01 ~ 03。

效果：Ch08 > 效果 > 制作手机广告。

制作要点：使用"渐变"工具制作背景，使用"移动"工具添加手机，使用"钢笔"工具、"填充"命令和"高斯模糊"命令制作光影，使用图层蒙版、"画笔"工具和"渐变"工具编辑光影。

8.5　课后习题——制作汽车广告

分析： 在制作汽车广告时，将汽车添加到城市夜景图片中，可以突出汽车的都市感和实用性。在处理时，使用图层蒙版和"渐变"工具制作地面暗角效果，使用"亮度 / 对比度"命令和"色阶"命令增强汽车的对比度，使用"高斯模糊"命令制作阴影效果，使用"文字"工具和"自定义形状"工具添加广告语。

素材：Ch08 > 素材 > 制作汽车广告 > 01 ~ 05。

效果：Ch08 > 效果 > 制作汽车广告。

制作要点：使用"矩形"工具、图层蒙版和"渐变"工具制作背景，使用"亮度 / 对比度"命令和"色阶"命令增强汽车的对比度，使用"高斯模糊"命令制作阴影效果，使用"文字"工具、"字符"控制面板和"自定义形状"工具添加广告语。

Photoshop CC 核心应用实战（智慧学习版）

182

特效

特效是指对图像、文字、色彩等进行特殊效果的制作。根据创意设计的需求，使用好 Photoshop 强大的工具和命令，应用好多种特效制作方法，我们就可以完成令人惊叹的特殊效果，为作品增添魅力。

本章介绍

课堂
学习
目标

了解特效的基础。

掌握制作特效图像的方法和技巧。

9.1　特效基础

特效是指根据创意设计的需求，使用特效制作工具和命令，对图像、文字、色彩等进行特殊效果的制作。

9.2　特效实战

9.2.1　制作金属字

分析：在海报中添加金属质感的文字可以增强视觉冲击力，吸引人们的视线，加强宣传效果。在处理时，使用图层样式制作金属字，使用"高斯模糊"滤镜命令和图层样式制作装饰星球，使用"色彩平衡"命令调整图像色彩。

素材：Ch09 > 素材 > 制作金属字 > 01、02。

效果：Ch09 > 效果 > 制作金属字。

制作要点：使用"移动"工具添加背景，使用"横排文字"工具添加文字，使用图层样式制作金属字，使用"高斯模糊"滤镜命令和图层样式制作高光，使用"色彩平衡"命令调整图像。

操作视频　　扩展案例

1．制作背景

（1）新建文件，宽度为 667 毫米，高度为 423 毫米，分辨率为 72 像素 / 英寸。

（2）打开素材 01，选择"移动"工具 ，将素材 01 图像拖曳到新建的图像窗口中，适当调整位置。

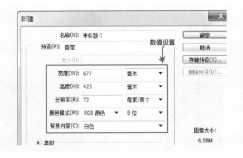

2. 添加文字效果

（1）选择"横排文字"工具 $\boxed{T}$，输入浅灰色（37、37、37）文字"TRANSFORMERS"。

（2）单击"图层"控制面板下方的"添加图层样式"按钮 $\boxed{fx.}$，选择"斜面和浮雕"命令，在弹出的对话框中进行设置，设置阴影颜色为淡黑色（34、23、20），制作文字浮雕效果。

（3）复制文字图层，并填充为白色。微调文字的位置，并删除图层样式。

（4）重新添加"斜面和浮雕"样式，设置需要的选项，设置高亮颜色为灰色（102、102、102），阴影颜色为暗灰色（51、51、51）。

（5）添加"描边"样式，设置需要的选项，设置描边颜色为白色。

（6）添加"光泽"样式，设置需要的选项。

（7）添加"渐变叠加"样式，设置需要的选项，设置渐变色为从黑色到白色再到灰色（153、153、153）。

（8）添加"图案叠加"样式，设置需要的选项，选择需要的图案。

（9）添加"投影"样式，设置需要的选项，设置阴影颜色为深蓝色（1、24、63）。

（10）打开素材02，并将其拖曳到新建的图像窗口中。

（11）复制图层生成"星球 副本"图层。

（12）选择"滤镜>模糊>高斯模糊"命令，制作模糊效果。

（13）添加"颜色叠加"样式，设置叠加颜色为白色。

（14）将"星球 副本"图层拖曳到"星球"图层下方，并将两个图层同时选取，单击"链接图层"按钮 ⊖ 链接图层。

（15）选择"横排文字"工具 T，输入白色文字"6"。

（16）将"TRANSFORMERS"文字副本图层的样式复制到"6"图层上，为数字添加特效。

（17）选择"横排文字"工具 T，输入白色文字"PROTECT""DESTROY"。

（18）选择"横排文字"工具T，输入绿色（11、64、45）文字"DRFAMWORKS""PICTURFS"。

（19）在"DRFAMWORKS"图层上方新建图层。绘制矩形选区并填充为绿色（25、48、41）。取消选区。

（20）选择"横排文字"工具T，在图像窗口下方输入需要的绿色（11、64、45）文字。

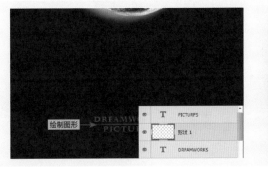

（21）单击"图层"控制面板下方的"创建新的填充或调整图层"按钮，在弹出的菜单中选择"色彩平衡"命令，在弹出的控制面板中设置数值，调整图像。

9.2.2 制作奶牛字

分析：在画面中添加奶牛字效果能够使画面充满童趣。在处理时，使用"通道"控制面板、"塑料包装"滤镜、"扩展"命令、图层蒙版、"波浪"滤镜和剪贴蒙版制作奶牛字效果。

素材：Ch09 > 素材 > 制作奶牛字 > 01、02。

效果：Ch09 > 效果 > 制作奶牛字。

制作要点：使用"横排文字"工具、"通道"控制面板和"塑料包装"滤镜命令制作文字，使用"扩展"命令、图层蒙版和图层样式制作奶牛字，使用"椭圆"工具、"波浪"滤镜命令和"创建剪贴蒙版"命令制作斑点。

（1）打开素材01。在"通道"控制面板中单击"创建新通道"按钮 ，新建通道"Alpha 1"。

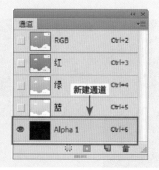

（2）选择"横排文字"工具 ，在属性栏中选择合适的字体并设置文字大小，输入需要的文字，填充为白色。

（3）按 Ctrl+D 组合键，取消选区。将通道"Alpha 1"拖曳到"创建新通道"按钮⬚上，复制通道。

（4）选择"编辑 > 首选项 > 增效工具"命令，弹出对话框，勾选"显示滤镜库的所有组和名称"复选框，单击"确定"按钮。

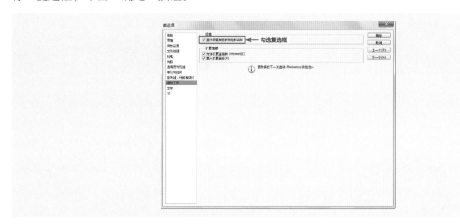

（5）选择"滤镜 > 艺术效果 > 塑料包装"命令，在弹出的对话框中进行设置，单击"确定"按钮，制作特殊文字效果。

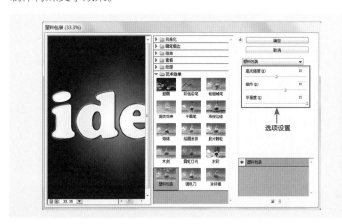

（6）按住 Ctrl 键的同时，单击"Alpha 1 拷贝"通道，载入文字选区。

（7）单击"RGB"通道，并返回"图层"控制面板。

（8）新建图层。将前景色设为白色。按 Alt+Delete 组合键，用前景色填充选区。取消选区。

（9）按住 Ctrl 键的同时，单击"Alpha 1"通道载入文字选区。

（10）选择"选择 > 修改 > 扩展"命令，弹出对话框，将"扩展量"设为 11 像素，单击"确定"按钮，扩展选区。

（11）单击"图层"控制面板中的"添加图层蒙版"按钮 □，基于选区创建蒙版。

（12）单击"图层"控制面板下方的"添加图层样式"按钮 fx，选择"投影"命令，在弹出的对话框中进行设置，单击"确定"按钮，制作文字投影效果。

（13）单击"图层"控制面板下方的"添加图层样式"按钮 fx.，选择"斜面和浮雕"命令，在弹出的对话框中进行设置，单击"确定"按钮，制作文字斜面和浮雕效果。

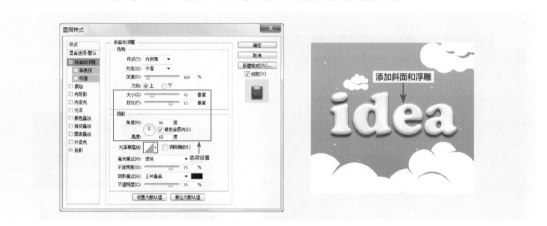

（14）新建图层。将前景色设为黑色。选择"椭圆"工具 ◉，在属性栏的"选择工具模式"选项中选择"像素"，分别绘制多个椭圆形。

（15）选择"滤镜 > 扭曲 > 波浪"命令，弹出对话框，单击"确定"按钮，对椭圆形进行扭曲变形。

（16）按 Ctrl+Alt+G 组合键，创建剪贴蒙版。

（17）选择"背景"图层。打开素材 02。选择"移动"工具 ▸+，将素材 02 图像拖曳到正在编辑的图像窗口中，调整其位置。

9.2.3 制作激光字

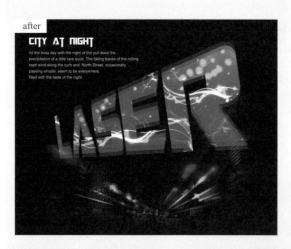

分析： 炫酷的激光字可以营造出鲜明大胆的视觉效果。在处理时，使用"定义图案"命令定义图案，使用"文字"工具、"扭曲"命令、图层样式制作激光字效果。

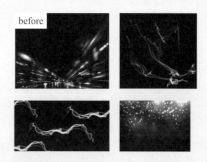

素材： Ch09 > 素材 > 制作激光字 > 01 ~ 04。

效果： Ch09 > 效果 > 制作激光字。

制作要点： 使用图层蒙版和"画笔"工具制作背景，使用"定义图案"命令定义图案，使用"横排文字"工具、"栅格化文字"命令和"扭曲"命令添加文字，使用图层样式和"填充"选项调整文字纹理。

（1）按 Ctrl+N 组合键，新建一个宽度为 20 厘米、高度为 15 厘米、分辨率为 300 像素 / 英寸的文件，填充"背景"层为黑色。

（2）打开素材 01。选择"移动"工具，将素材 01 图像拖曳到新建的图像窗口中，适当调整位置，生成新图层并添加图层蒙版。

（3）选择"画笔"工具，在属性栏中选择画笔并设置画笔大小，在图像窗口中擦除不需要的图像。

（4）打开素材 02、03、04。切换到"02"图像窗口，选择"编辑 > 定义图案"命令，弹出对话框，单击"确定"按钮定义图案。用相同的方法定义另外两个图案。

（5）将前景色设为灰色（74、74、74）。选择"横排文字"工具，输入需要的文字并选取文字，在属性栏中选择合适的字体并设置文字大小。

（6）在文字图层上单击鼠标右键，在弹出的菜单中选择"栅格化文字"命令，栅格化文字图层。

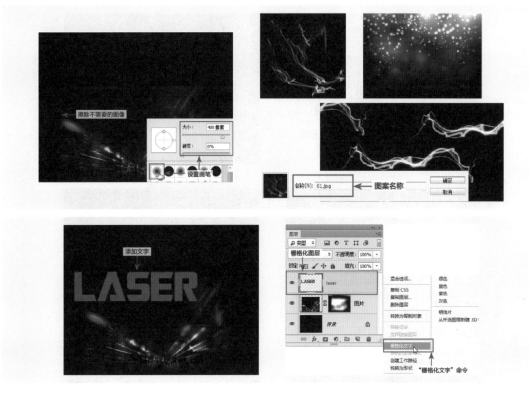

（7）按 Ctrl+T 组合键，在图像周围生成变换框，单击鼠标右键，在弹出的菜单中选择"扭曲"命令，调整图像，按 Enter 键确认操作。

（8）单击"图层"控制面板下方的"添加图层样式"按钮 fx.，选择"投影"命令，设置需要的选项，制作文字投影效果。

（9）单击"图层"控制面板下方的"添加图层样式"按钮 fx.，选择"图案叠加"命令，选取定义的图案，制作文字的图案叠加效果。

（10）在"图层"控制面板上方，将图层的"填充"选项设为 45%，调整图像。

（11）按 Ctrl+J 组合键，复制图层。选择"移动"工具 ，在图像窗口中微移图层。

（12）在"图层"控制面板上方，将图层的"填充"选项设为 40%，调整图像。

（13）双击复制图层中的"图案叠加"样式，弹出对话框，选取定义的图案，设置"缩放"选项为 89%，调整文字的图案叠加效果。

（14）按 Ctrl+J 组合键，复制图层。选择"移动"工具 ，在图像窗口中微移图层。

（15）双击复制图层中的"图案叠加"样式，弹出对话框，选取定义的图案，设置"缩放"选项为 146%，调整文字的图案叠加效果。

（16）将前景色设为白色。选择"横排文字"工具[T]，输入需要的文字并选取文字，在属性栏中选择合适的字体并设置文字大小。

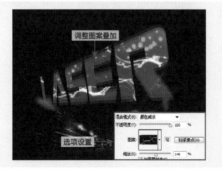

9.2.4 制作燃烧字

分析: 燃烧字可以更加强烈地烘托热情的气氛。在处理时使用"自由变换"命令、图层混合模式、"可选颜色"命令、"色彩平衡"命令制作背景效果,使用图层样式、图层蒙版、剪贴蒙版制作燃烧字效果。

after

before

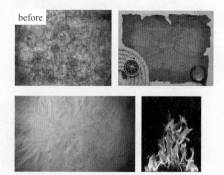

素材: Ch09 > 素材 > 制作燃烧字 > 01 ~ 04。

效果: Ch09 > 效果 > 制作燃烧字。

制作要点: 使用"移动"工具、"自由变换"命令和混合模式制作背景,使用"纯色"命令、混合模式、"可选颜色"命令和"色彩平衡"命令调整背景色,使用"纯色"命令和"画笔"工具调整背景明暗,使用"横排文字"工具和"钢笔"工具制作文字,使用"移动"工具、图层蒙版和"画笔"工具添加火焰。

扩展案例

(1)新建宽度为 20 厘米、高度为 15 厘米、分辨率为 300 像素 / 英寸的文件。打开素材 01。选择"移动"工具 ⊕,将素材 01 图像拖曳到新建的图像窗口中,适当调整位置。

(2)按 Ctrl+T 组合键,在图像周围出现变换框,向外拖曳右下角的控制手柄,放大图像,按 Enter 键确认操作。

操作视频 1

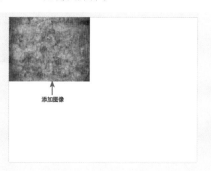

添加图像

调整图像

(3)打开素材 02。选择"移动"工具 ⊕,将素材 02 图像拖曳到新建的图像窗口中,适当调整位置和大小。

(4)在"图层"控制面板中,将混合模式选项设为"正片叠底",调整图像。

（5）单击"图层"控制面板下方的"创建新的填充或调整图层"按钮 ，在弹出的菜单中选择"纯色"命令，弹出控制面板，设置填充色为暗红色（90、26、26），同时生成调整层，填充颜色。

（6）在"图层"控制面板上方，将混合模式选项设为"饱和度"，调整图像。

（7）单击"图层"控制面板下方的"创建新的填充或调整图层"按钮，在弹出的菜单中选择"可选颜色"命令，弹出控制面板，选择"红色"，将"青色"设为21；选择"黄色"，将"洋红"设为18，"黄色"设为14，调整图像。

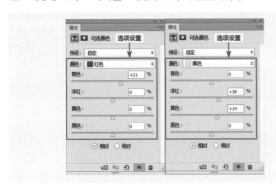 

（8）单击"图层"控制面板下方的"创建新的填充或调整图层"按钮，在弹出的菜单中选择"色彩平衡"命令，弹出控制面板，将"青色"设为 -11，"蓝色"设为12，调整图像。

（9）按 Ctrl+Alt+Shift+E 组合键，盖印图层。在"图层"控制面板上方，将混合模式选项设为"滤色"，"不透明度"选项设为20%，调整图像。

（10）单击"图层"控制面板下方的"创建新的填充或调整图层"按钮，在弹出的菜单中选择"纯色"命令，弹出控制面板，设置填充色为黑色，同时生成调整层，填充颜色。单击选取图层蒙版。

（11）将前景色设为黑色。选择"画笔"工具，在属性栏中选择画笔并设置画笔大小，在图像窗口中擦除不需要的图像。

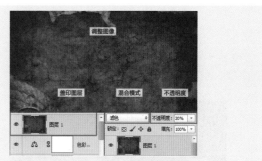

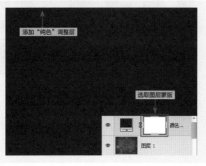

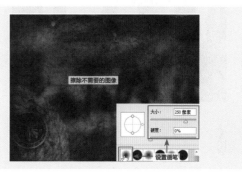

（12）单击"图层"控制面板下方的"添加图层样式"按钮 **fx.**，选择"内发光"命令，弹出对话框，将发光颜色设为红色（255、6、6），设置其他需要的选项，制作内发光效果。

（13）将除"背景"图层外的所有图层同时选取，按 Ctrl+G 组合键，群组图层。

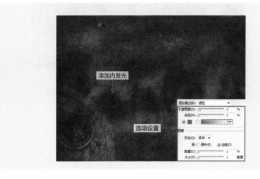

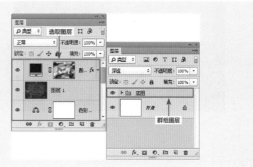

（14）将前景色设为白色。选择"横排文字"工具 **T.**，输入需要的文字并选取文字，在属性栏中选择合适的字体并设置文字的大小。

（15）选择"窗口 > 字符"命令，弹出控制面板，设置字距，调整文字。

（16）在文字图层上单击鼠标右键，在弹出的菜单中选择"转换为形状"命令，将其转换为形状。选择"钢笔"工具 ✐，适当调整形状节点，改变文字外形。

（17）单击"图层"控制面板下方的"添加图层样式"按钮 ƒx，选择"投影"命令，弹出对话框，设置需要的选项，制作投影效果。

（18）打开素材 03。选择"移动"工具 ⊕，将素材 03 图像拖曳到新建的图像窗口中，适当调整位置和大小。

（19）按 Ctrl+Alt+G 组合键，创建剪贴蒙版。

操作视频 2

（20）在"图层"控制面板上方，将"不透明度"选项设为 46%，调整图像。

（21）单击"图层"控制面板下方的"创建新的填充或调整图层"按钮 ◒，在弹出的菜单中选择"纯色"命令，弹出控制面板，设置填充色为黑色，同时生成调整层，填充颜色。

（22）按 Ctrl+Alt+G 组合键，创建剪贴蒙版。单击并选取填充图层的蒙版。

（23）将前景色设为黑色。选择"画笔"工具  ，在属性栏中选择并设置画笔大小，在图像窗口中擦除不需要的图像。

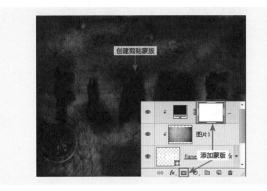

（24）单击"图层"控制面板下方的"添加图层样式"按钮 ，选择"内发光"命令，弹出对话框，将发光颜色设为红色（255、6、6），设置其他需要的选项，制作内发光效果。

（25）单击"图层"控制面板下方的"创建新的填充或调整图层"按钮 ，在弹出的菜单中选择"纯色"命令，弹出控制面板，设置填充色为橘黄色（255、186、0），同时生成调整层，填充颜色。

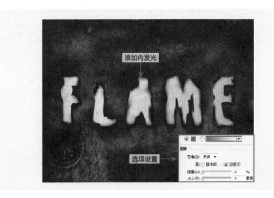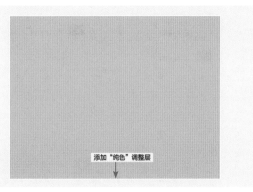

（26）按 Ctrl+Alt+G 组合键，创建剪贴蒙版。

（27）单击并选取填充图层的蒙版。选择"画笔"工具 ，在图像窗口中擦除不需要的图像。

（28）将前景色设为白色。选择"钢笔"工具 ，在属性栏中的"选择工具模式"选项中选择"形状"，绘制形状。

（29）用相同的方法绘制其他需要的形状。

（30）将绘制的形状同时选取，按 Ctrl+E 组合键，合并形状层。将需要的图层同时选取。

（31）按 Ctrl+J 组合键，复制图层。将复制的图层拖曳到所有图层的上方。按 Ctrl+Alt+G 组合键，创建剪贴蒙版。

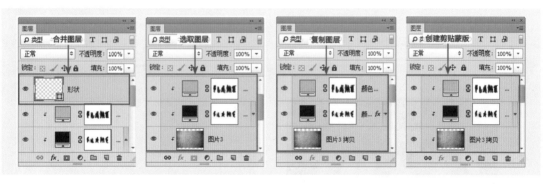

（32）选取"黑色"调整层的蒙版，按 Alt+Delete 组合键，填充蒙版。用相同的方法填充上方图层的蒙版。

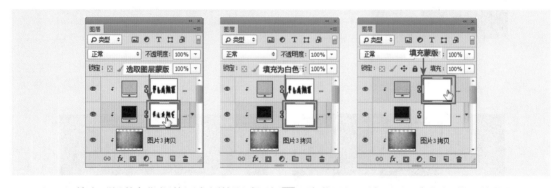

（33）单击"橘黄色"调整层左侧的眼睛图标 👁，隐藏图层。选取"黑色"调整层的蒙版。

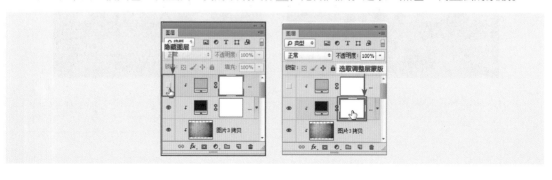

（34）选择"画笔"工具 ，在图像窗口中擦除不需要的图像。

（35）显示"橘黄色"调整层。选择"画笔"工具 ，在图像窗口中擦除不需要的图像。

（36）选取除"背景"图层和"底图"图层组外的所有图层，按 Ctrl+G 组合键，群组图层。

（37）打开素材 04。选择"移动"工具 ，将素材 04 图像拖曳到新建的图像窗口中，适当调整位置、大小和角度。

（38）在"图层"控制面板上方，将混合模式选项设为"滤色"，调整图像。

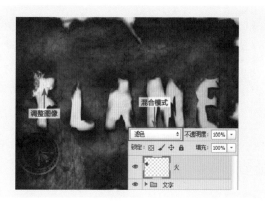

（39）单击"添加图层蒙版"按钮 ，为图层添加蒙版。选择"画笔"工具 ，在图像窗口中擦除不需要的图像。

（40）用上述方法添加图像并制作其他文字燃烧的火焰图像。

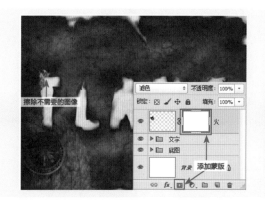

9.2.5　制作麻布纹理

分析: 麻布纹理能够呈现出朴素、天真的效果。在处理时,使用"钢笔"工具绘制色块,使用"圆角矩形"工具、图层样式、"自由变换"命令、"定义图案"命令制作纹理,使用"动感模糊"滤镜、图层混合模式、图层蒙版、"用画笔描边路径"按钮制作纹理效果。

素材: Ch09 > 素材 > 制作麻布纹理 > 01、02。

效果: Ch09 > 效果 > 制作麻布纹理。

制作要点: 使用"钢笔"工具和"填充"命令绘制色块,使用混合模式制作色块融合,使用"圆角矩形"工具、图层样式、"自由变换"命令和"定义图案"命令制作并定义图案,使用"动感模糊"滤镜、"添加杂色"滤镜和图层混合模式制作纹理,使用"画笔"工具和"用画笔描边路径"按钮制作麻布效果。

操作视频

扩展案例

Photoshop CC 核心应用实战（智慧学习版）

（1）按 Ctrl+N 组合键,新建一个宽度为 10 厘米、高度为 10 厘米、分辨率为 300 像素 / 英寸的文件,填充"背景"层为橙黄色（250、197、23）。

（2）选择"钢笔"工具 ，在属性栏中的"选择工具模式"选项中选择"路径",绘制路径。

绘制路径

（3）按 Ctrl+Enter 组合键,将路径转化为选区。新建图层,填充选区为紫色（144、31、97）,取消选区。

（4）用相同的方法绘制图形,并填充为玫红色（225、1、90）。

（5）在"图层"控制面板上方,将图层的混合模式选项设为"正片叠底",调整图像。

（6）用相同的方法绘制其他图形,填充适当的颜色,并调整混合模式选项。

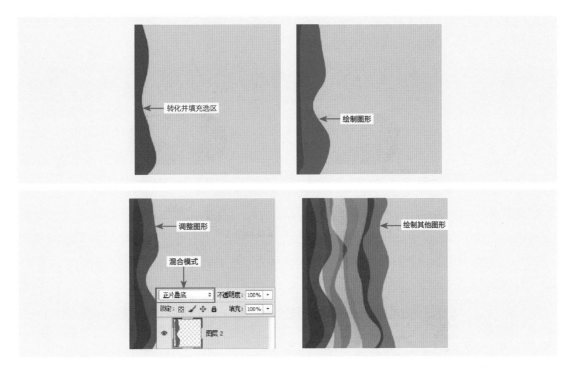

（7）打开素材 01。选择"移动"工具 ，将素材 01 图像拖曳到新建图像窗口中的适当位置。

（8）按 Ctrl+N 组合键，新建一个宽度为 5 厘米、高度为 5 厘米、分辨率为 300 像素 / 英寸的文件。

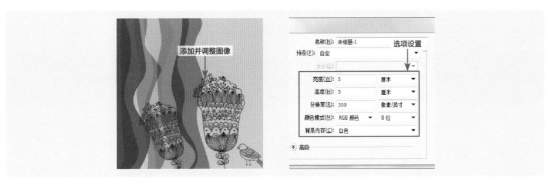

（9）将前景色设为白色。选择"圆角矩形"工具 ，在属性栏中的"选择工具模式"选项中选择"形状"，单击属性栏中的 按钮，在弹出的面板中设置固定大小，将"半径"选项设为 100 像素，绘制圆角矩形。

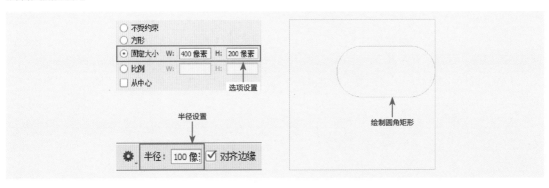

（10）单击"图层"控制面板下方的"添加图层样式"按钮 *fx.*，选择"内投影"命令，弹出对话框，设置需要的选项，制作图形的内投影效果。

（11）选择"移动"工具 ▸⊕，按住 Alt 键的同时，分别拖曳图形到适当的位置，复制图形。

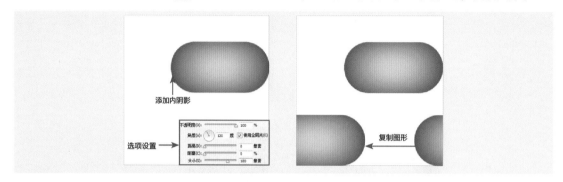

（12）按住 Ctrl 键的同时，将需要的图层同时选取，按 Ctrl+E 组合键，合并图层。按 Ctrl+J 组合键，复制图层。

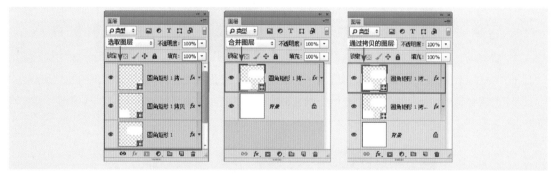

（13）按 Ctrl+T 组合键，在图像周围出现变换框，单击鼠标右键，在弹出的菜单中选择"旋转 90 度（逆时针）"命令，将变换框拖曳到适当的位置，按 Enter 键确认操作，调整图形。

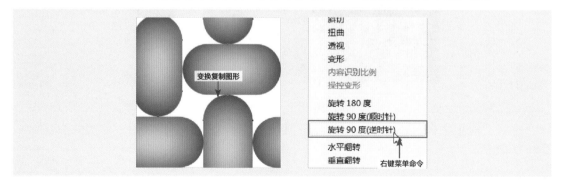

（14）单击"图层"控制面板下方的"创建新的填充或调整图层"按钮 ◑，选择"纯色"命令，弹出控制面板，设置填充色为灰色（100、100、100），单击"确定"按钮，生成并调整图层。

（15）选择"编辑 > 定义图案"命令，在弹出的对话框中进行设置，单击"确定"按钮，定义图案。

（16）返回新建的图像。单击"图层"控制面板下方的"创建新的填充或调整图层"按钮 ◑，选择"图案"命令，弹出控制面板，选取定义的图案，设置"缩放"选项为 5，单击"确定"按钮，新建填充图层。

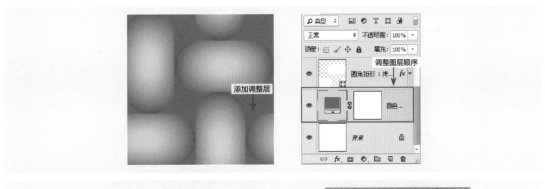

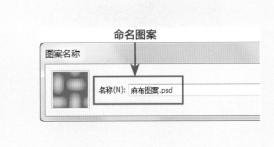

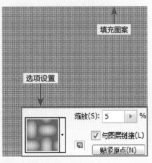

（17）在图层上单击鼠标右键选择"栅格化图层"命令，栅格化图层。

（18）选择"滤镜 > 模糊 > 动感模糊"命令，在弹出的对话框中进行设置，单击"确定"按钮，模糊图像。

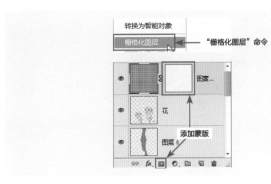

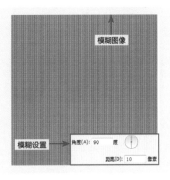

（19）选择"滤镜 > 杂色 > 添加杂色"命令，在弹出的对话框中进行设置，单击"确定"按钮，添加杂色。

（20）在"图层"控制面板上方，将该图层的混合模式选项设为"叠加"，调整图像。

（21）选择"图层1"，单击"添加图层蒙版"按钮■为图层添加蒙版。按住 Ctrl 键的同时，单击图层缩览图，载入选区。

（22）在"路径"控制面板中单击"从选区生成工作路径"按钮■，将选区转化为路径。

（23）将前景色设为黑色。选择"画笔"工具■，在属性栏中弹出"画笔"面板，单击右上方的■按钮，追加"自然画笔"，选择需要的画笔。

（24）单击属性栏中的"切换画笔面板"按钮■，在"画笔笔尖形状"和"形状动态"面板中进行设置。

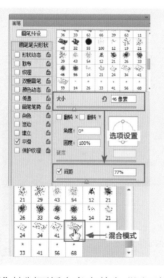
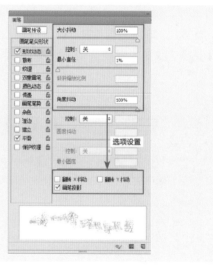

（25）在"路径"控制面板中多次单击"用画笔描边路径"按钮■，为路径描边，呈现麻布效果。

（26）用相同的方法为其他图形添加蒙版，制作麻布效果。

（27）打开素材 02。选择"移动"工具■，将素材 02 图像拖曳到图像窗口中的适当位置。

（28）单击"图层"控制面板下方的"创建新的填充或调整图层"按钮 ，选择"色相／饱和度"命令，弹出控制面板，同时生成调整层，调整图像的饱和度。

9.2.6 制作缠绕炫光

分析：缠绕炫光效果可以使图片效果更活泼，增加时尚感。在处理时使用"钢笔"工具和"描边路径"命令绘制光线，使用图层蒙版和图层样式制作缠绕炫光效果。

素材：Ch09 > 素材 > 制作缠绕炫光 > 01。

效果：Ch09 > 效果 > 制作缠绕炫光。

制作要点：使用"钢笔"工具绘制路径，使用"画笔"工具和"描边路径"命令描边路径，使用图层蒙版和"画笔"工具擦除不需要的炫光，使用图层样式添加彩色炫光。

操作视频　　扩展案例

（1）打开素材 01。新建图层。将前景色设为白色。选择"画笔"工具 ，设置画笔大小和硬度。

（2）选择"钢笔"工具 ，绘制所需路径。

（3）单击鼠标右键，选择"描边路径"命令。

（4）选择"画笔"工具，勾选"模拟压力"命令，描边路径。

（5）单击"图层"控制面板中的"添加图层蒙版"按钮▣，添加图层蒙版。选择"画笔"工具✎，调整大小擦除不需要的图形，并隐藏路径。

（6）单击"图层"控制面板下方的"添加图层样式"按钮 fx，选择"外发光"命令，在弹出的对话框中设置发光颜色为紫色（180、0、255）。

（7）用同样的方法添加"投影"样式，设置阴影颜色为黄色（255、240、0）。

（8）复制图层，生成"光效 副本"图层，调整图像到合适的位置。

（9）修改"外发光"样式，设置发光颜色为绿色（0、255、96）。

（10）复制图层，生成"光效 副本2"图层，调整图像到合适的位置。

（11）修改"外发光"样式，设置发光颜色为蓝色（0、54、255）。

（12）选择"画笔"工具✎，单击"切换画笔面板"按钮▦，设置画笔。

（13）单击"散布"复选框，设置散布选项。

（14）新建图层。使用"画笔"工具✎在图像所需位置绘制图形。

（15）添加"颜色叠加"样式，设置叠加颜色为蓝色（0、168、255）。

9.2.7　制作光感效果

分析： 绚烂的光感效果能够增强视觉冲击力。在处理时使用"渐变"工具为图像添加颜色，使用"色相/饱和度"命令调整颜色，使用图层混合模式为人物添加彩光，使用"钢笔"工具和图层样式绘制光感效果。

素材： Ch09 > 素材 > 制作光感效果 > 01。

效果： Ch09 > 效果 > 制作光感效果。

制作要点： 使用"渐变"工具和"色相/饱和度"命令制作渐变，使用图层混合模式和不透明度制作背景光感，使用"钢笔"工具、填充和图层样式制作装饰光感图形，使用"画笔"工具和不透明度制作高光。

操作视频　　扩展案例

（1）打开素材 01，添加并制作光感效果。

（2）新建"彩色渐变"图层。将前景色设为黑色。选择"渐变"工具 ，单击属性栏中的"点按可编辑渐变"按钮 ，弹出对话框，选择需要的渐变预设，单击"确定"按钮。单击属性栏中的"径向渐变"按钮 ，在图像窗口中拖曳渐变。

（3）选择"图像 > 调整 > 色相 / 饱和度"命令，在弹出的对话框中进行设置，单击"确定"按钮，调整渐变图像。

（4）在"图层"控制面板上方，将该图层的混合模式选项设为"柔光"，"不透明度"选项设为62%，调整渐变图像。

（5）将前景色设为白色。选择"钢笔"工具，在属性栏中的"选择工具模式"选项中选择"形状"，绘制形状。

（6）在"图层"控制面板上方，将"填充"选项设为0%，调整图像。

（7）单击"图层"控制面板下方的"添加图层样式"按钮，选择"内发光"命令，弹出对话框，设置发光颜色为橘黄色（255、203、5），设置其他选项，制作图形内发光效果。

（8）用相同的方法制作不同颜色的光感效果。

（9）选择"椭圆"工具，在属性栏中的"选择工具模式"选项中选择"形状"，按住 Shift 键的同时，绘制圆形。

（10）在"图层"控制面板上方，将"填充"选项设为0%，调整图像。

（11）单击"图层"控制面板下方的"添加图层样式"按钮，选择"内发光"命令，弹出对话框，设置发光颜色为黄绿色（182、235、0），制作图形内发光效果。

（12）用相同的方法制作不同颜色的圆形光感效果。

（13）新建图层。将前景色设为白色。选择"画笔"工具 ，在属性栏中选择画笔并设置画笔大小，将"不透明度"选项设为80%，在图像窗口中单击绘制图像。

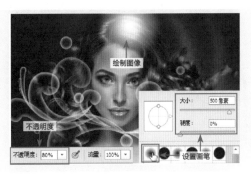

（14）按键盘上的 [键和] 键，调整画笔大小绘制图像。

（15）在"图层"控制面板上方，将该图层的混合模式选项设为"叠加"，调整图像。

9.3 商业综合实例——制作啤酒广告

分析：制作啤酒广告时，在画面中添加相关元素能够表达出产品的特点。在处理时，使用"渐变"工具、"水波"滤镜、图层混合模式、"可选颜色"命令和图层蒙版制作背景，使用"高斯模糊"滤镜为酒杯添加阴影，使用图层蒙版和图层样式制作水的泼溅效果。

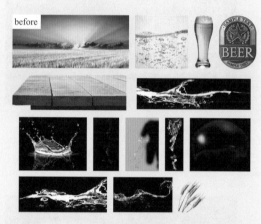

素材：Ch09 > 素材 > 制作啤酒广告 > 01 ~ 14。

效果：Ch09 > 效果 > 制作啤酒广告。

制作要点：使用"渐变"工具和"水波"滤镜制作背景渐变，使用图层蒙版和"画笔"工具制作图片的融合，使用"可选颜色"命令调整图像颜色，使用"椭圆选框"工具和"高斯模糊"滤镜制作酒杯阴影，使用图层蒙版和图层样式制作水花泼溅效果，使用绘图工具、"横排文字"工具和"字符"控制面板添加文字。

扩展案例

操作视频1

1. 制作底图

（1）新建一个宽度为 21 厘米、高度为 28.5 厘米、分辨率为 300 像素 / 英寸、颜色模式为 RGB、背景内容为白色的文件。

（2）新建"渐变色"图层。选择"渐变"工具，单击属性栏中的"点按可编辑渐变"按钮，弹出"渐变编辑器"对话框，将渐变色设为从黑色到棕色（94、46、0），单击"确定"按钮，填充渐变。

（3）选择"滤镜 > 扭曲 > 水波"命令，在弹出的对话框中设置数量、起伏和样式，单击"确定"按钮，制作水波底图。

（4）连续按 4 次 Ctrl+F 组合键，重复添加"水波"滤镜。

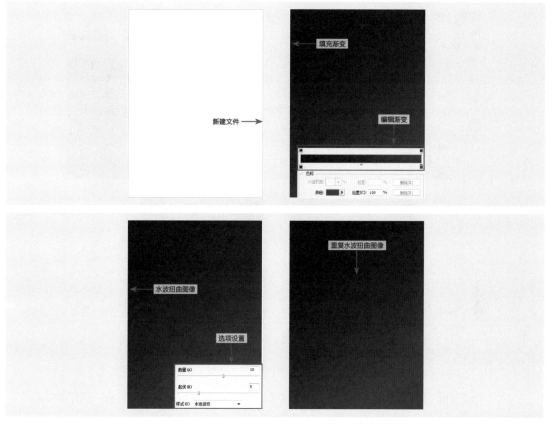

（5）打开素材 01。选择"移动"工具 ，将素材 01 图像拖曳到新建的图像窗口中，适当调整位置。

（6）单击"图层"控制面板下方的"添加图层蒙版"按钮 ，为图层添加蒙版。选择"画笔"工具 ，在属性栏中选择并设置画笔大小，在图像窗口中擦除不需要的图像。

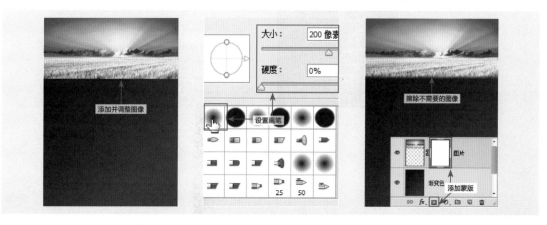

（7）单击"图层"控制面板下方的"创建新的填充或调整图层"按钮 ，选择"可选颜色"命令，弹出控制面板，调整图像中的红色和黄色。

（8）打开素材 02。选择"移动"工具 ，将素材 02 图像拖曳到新建的图像窗口中，适当调整位置。

（9）在"图层"控制面板上方，将该图层的混合模式选项设为"正片叠底"，调整图像。

（10）添加图层蒙版。选择"画笔"工具 ⊿，在图像窗口中擦除不需要的图像，制作图像融合。

（11）将除"背景"图层外的所有图层同时选取，按 Ctrl+G 组合键，群组图层。

2. 制作酒杯

（1）打开素材 03。选择"移动"工具 ⊞，将素材 03 图像拖曳到新建的图像窗口中，适当调整位置。

（2）打开素材 04。选择"移动"工具 ⊞，将素材 04 图像拖曳到新建的图像窗口中，适当调整位置。

（3）新建"阴影"图层。将前景色设为黑色。选择"椭圆选框"工具 ◯，在酒杯底部绘制椭圆形选区。用前景色填充选区，并取消选区。

（4）选择"滤镜 > 模糊 > 高斯模糊"命令，弹出对话框，将"半径"选项设为 12 像素，单击"确定"按钮，模糊椭圆形。

（5）将"阴影"图层拖曳到"啤酒杯"图层的下方，调整图像顺序。

（6）选择"啤酒杯"图层。打开素材05。选择"移动"工具▶️⁺，将素材05图像拖曳到新建的图像窗口中，适当调整位置。添加图层蒙版。

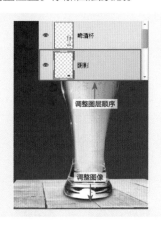

（7）选择"画笔"工具✒️，在属性栏中选择画笔并设置画笔大小，在图像窗口中擦除不需要的图像，制作图像融合。

（8）将"水花"图层拖曳到控制面板下方的"创建新图层"按钮🔲上，复制图层。

（9）在"图层"控制面板上方，将复制图层的混合模式选项设为"柔光"，调整图像。

（10）打开素材06。选择"移动"工具▶️⁺，将素材06图像拖曳到啤酒杯上，适当调整位置。

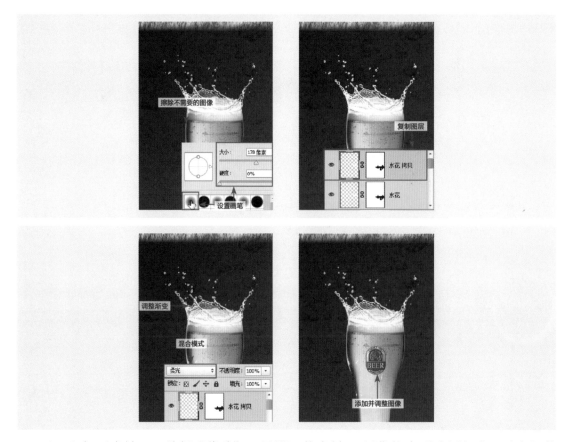

（11）打开素材 07。选择"移动"工具 ，将素材 07 图像拖曳到啤酒杯上，适当调整位置。

（12）在"图层"控制面板上方，将该图层的混合模式选项设为"滤色"，"不透明度"选项设为 42%，调整图像。

（13）打开素材 08。选择"移动"工具 ，将素材 08 图像拖曳到图像窗口中适当的位置。

（14）在"图层"控制面板上方，将该图层的混合模式选项设为"滤色"，调整图像。

（15）将"水花 2"图层和"木桌"图层之间的所有图层同时选取，按 Ctrl+G 组合键，群组图层并重命名。

添加并调整图像

调整图像

群组并重命名

3. 制作水的泼溅效果

（1）打开素材09。选择"移动"工具，将素材09图像拖曳到图像窗口适当的位置。将该图层的"填充"选项设为0%，调整图像。

（2）单击"图层"控制面板下方的"添加图层样式"按钮，选择"内发光"命令，弹出对话框，设置发光颜色为橘黄色（255、186、0），单击"确定"按钮，制作内发光效果。

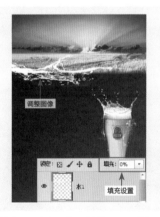

调整图像

填充设置

添加内发光

选项设置

（3）添加图层蒙版。选择"画笔"工具，在属性栏中将"不透明度"选项设为40%，在图像窗口中擦除不需要的图像。

（4）打开素材10。选择"移动"工具，将素材10图像拖曳到图像窗口中适当的位置。将该图层的"填充"选项设为0%，调整图像。

擦除不需要的图像

添加蒙版

调整图像

填充设置

（5）单击"图层"控制面板下方的"添加图层样式"按钮 *fx*，选择"内发光"命令，弹出对话框，设置发光颜色为桔黄色（255、210、0），单击"确定"按钮，制作内发光效果。

（6）添加图层蒙版。选择"画笔"工具 ，在图像窗口中擦除不需要的图像，制作图像融合。

（7）打开素材 11。选择"移动"工具 ，将素材 11 图像拖曳到图像窗口中适当的位置。将该图层的"填充"选项设为 0%，调整图像。

（8）单击"图层"控制面板下方的"添加图层样式"按钮 *fx*，选择"内发光"命令，弹出对话框，设置发光颜色为橘黄色（255、210、0），单击"确定"按钮，制作内发光效果。

（9）将"水 3"图层拖曳到控制面板下方的"创建新图层"按钮 上，复制图层。选择"移动"工具 ，将其拖曳到适当的位置。

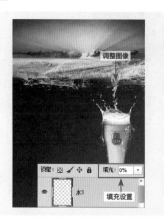

（10）将图层效果拖曳到控制面板下方的"删除图层"按钮 上，删除图层效果。

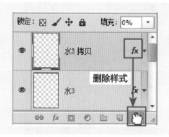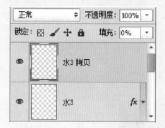

（11）在"图层"控制面板上方，将该图层的"填充"选项设为 100%，调整图像。

（12）添加图层蒙版。选择"画笔"工具 ，在图像窗口中擦除不需要的图像。

Photoshop CC 核心应用实战（智慧学习版）

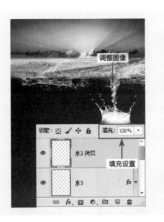 

（13）打开素材 12。选择"移动"工具 ，将素材 12 图像拖曳到图像窗口中适当的位置。

（14）添加图层蒙版。选择"画笔"工具 ，在图像窗口中擦除不需要的图像。

（15）打开素材 13。选择"移动"工具 ，将素材 13 图像拖曳到图像窗口中适当的位置。

（16）将"光晕"图层和"水 1"图层之间的所有图层同时选取，按 Ctrl+G 组合键，群组图层并重命名。

4．添加标志和文字

（1）将前景色设为橙色（255、208、64）。选择"椭圆"工具 ，在属性栏的"选择工具模式"选项中选择"形状"，按住 Shift 键的同时，在适当的位置绘制圆形。

（2）选择"圆角矩形"工具 ，在属性栏的"选择工具模式"选项中选择"形状"，将"半径"选项设为 300 像素，在适当的位置绘制圆角矩形。

（3）将前景色设为黑色。选择"横排文字"工具 T，在适当的位置分别输入需要的文字，分别选取文字，在属性栏中选择适当的字体和文字大小。

（4）选取上方的文字。按 Ctrl+T 组合键，弹出"字符"控制面板，将"设置所选字符的字距调整"选项设为 –5，调整文字字距。

（5）选取下方的文字。在"字符"控制面板中将"设置所选字符的字距调整"选项设为 –10，调整文字字距。

（6）打开素材 14。选择"移动"工具 ，将素材 14 图像拖曳到图像窗口中适当的位置，生成新图层并命名为"麦穗"。

（7）将"麦穗"图层拖曳到文字图层的下方，调整图像顺序。

（8）将前景色设为白色。选择"横排文字"工具 T，在属性栏中选择适当的字体和文字大小，在适当的位置输入需要的文字。

（9）选取文字。在"字符"控制面板中将"设置所选字符的字距调整"选项设为 47，调整文字字距。

（10）单击"图层"控制面板下方的"添加图层样式"按钮 fx，选择"阴影"命令，在弹出的对话框中进行设置，单击"确定"按钮，制作阴影效果。

（11）将前景色设为黑色。选择"横排文字"工具 T，在属性栏中选择适当的字体和文字大小，在适当的位置输入需要的文字。

（12）选取文字。在"字符"控制面板中将"设置行距"选项设为 27 点，调整文字行距。

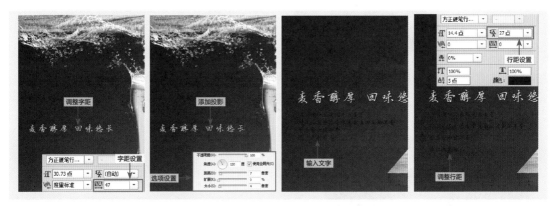

（13）单击"图层"控制面板下方的"添加图层样式"按钮 fx，选择"渐变叠加"命令，弹出对话框，单击"渐变"选项右侧的"点按可编辑渐变"按钮，弹出"渐变编辑器"对话框，单击"铜色渐变"预设，单击"确定"按钮。返回"渐变叠加"对话框，设置其他选项，单击"确定"按钮，添加渐变叠加效果。

（14）单击"投影"选项，弹出相应的对话框，设置需要的选项，单击"确定"按钮，添加投影效果。

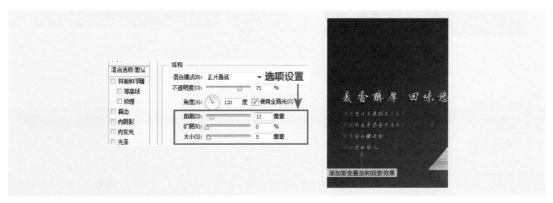

（15）将文字层和"圆形 1"之间的所有图层同时选取，按 Ctrl+G 组合键，群组图层并重命名图层组。

群组并重命名

9.4 课堂练习——制作电影海报

分析：在制作电影海报时，将画面处理得丰富又具有戏剧效果，是很有必要的。在处理时，使用"变换"命令、图层蒙版、"色阶"命令、"去色"命令和混合模式制作背景效果，使用图层蒙版、图层样式和"渐变映射"命令制作人物效果，使用"杂色"滤镜、"动感模糊"滤镜、混合模式制作下雨效果，使用"色阶"命令加强对比度。

素材：Ch09 > 素材 > 制作电影海报 > 01 ~ 05。

效果：Ch09 > 效果 > 制作电影海报。

操作视频

制作要点：使用"渐变映射"命令和"变换"命令制作背景底图和人物，使用"矩形选框"工具和"色阶"命令调整底图颜色，使用"去色"命令、混合模式和不透明度制作斑驳纹理，使用图层蒙版和"画笔"工具擦除不需要的图像，使用"色阶"命令、"色相 / 饱和度"命令、"渐变"工具和"曲线"命令制作降雨效果。

9.5 课后习题——制作烈火特效

分析：烈火特效视觉冲击力强，可以烘托出热烈的气氛，在处理时，使用"查找边缘"滤镜、"去色"命令、"反相"命令、"风"滤镜和"波纹"滤镜制作图像轮廓效果，通过设置颜色模式为轮廓添加火焰，使用图层蒙版擦除不需要的效果。

素材：Ch09 > 素材 > 制作烈火特效 > 01。

效果：Ch09 > 效果 > 制作烈火特效。

制作要点：使用"查找边缘"滤镜、"去色"命令、"反相"命令、"风"滤镜和"波纹"滤镜制作图像轮廓，通过颜色模式的转换为轮廓添加火焰，使用图层蒙版和"画笔"工具擦除不需要的效果。

操作视频

第 10 章

实战

想要拥有出色的创意设计思维和软件应用能力，就需要不断在商业设计项目实战中锻炼提高。通过对不同类型商业设计项目的项目背景及要求、项目创意及要点、案例制作及步骤的理解和操作，快速掌握完成商业项目设计的方法和技巧，提升综合创意设计能力和水平。

本章介绍

课堂学习目标

掌握软件基础知识的使用方法。

了解软件的常用设计领域。

掌握软件在不同设计领域的使用。

10.1 制作房地产广告

10.1.1 项目背景及要求

1. 客户名称

闰时房地产开发有限责任公司。

2. 客户需求

闰时房地产开发有限责任公司的经营范围包括房地产开发、房地产销售与租赁、房屋维修、室内外装修等。本例是为公司刚刚落成的"艺林苑·天空城"房地产项目制作广告，要求用简洁、直观的形式体现出此项目的特点，以简约的风格营造出轻松自如的居住氛围。

3. 设计要求

（1）画面要求以夸张的形式表达出此项目的特点。

（2）广告语要点明主题，信息主次分明。

（3）画面色彩要充满轻盈感，颜色明快而富有张力。

（4）设计风格具有特色，版式布局相对集中紧凑、简洁清晰。

（5）设计规格均为 200 毫米（宽）×300 毫米（高），分辨率为 150 像素 / 英寸。

10.1.2 项目创意及要点

分析： 在制作房地产广告时，广告语与广告内容要呼应。在处理时，把别墅制作出飘浮效果，能够更加引人注目。主要使用"选择"工具、图层蒙版和"变换"命令进行制作。

素材： Ch10 > 素材 > 制作房地产广告 > 01 ~ 11。

效果： Ch10 > 效果 > 制作房地产广告。

制作要点： 使用"色阶"命令调整背景图片，使用"快速选择"工具、"魔棒"工具、"移动"工具、"变换"命令、图层蒙版和"画笔"工具组合图片制作出宣传主体，使用"横排文字"工具添加标题和内容文字。

扩展案例

10.1.3　案例制作及步骤

1. 制作背景

（1）新建宽度为 15 厘米，高度为 21 厘米，分辨率为 300 像素 / 英寸的文件，效果最终用于印刷。

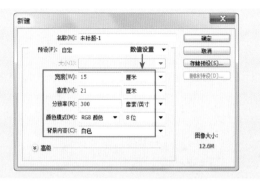

（2）打开素材 01，将其拖曳到新建的图像窗口中。

（3）单击"图层"控制面板下方的"创建新的填充或调整图层"按钮 ◎，在弹出的菜单中选择"色阶"命令，在弹出的控制面板中设置数值，使天空有明暗变化。

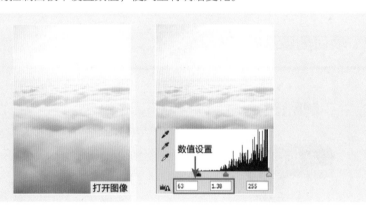

2. 抠图并合成

（1）打开素材 02。选择"快速选择"工具 ☑ 抠取天空。

（2）反选选区，并复制选区中的图像。隐藏"背景"图层。

（3）使用"变换"命令垂直翻转图像。

（4）将其拖曳到新建的图像窗口中，生成新图层并命名为"山峰"，适当调整其位置。

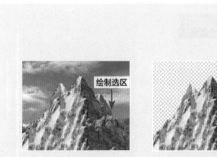

（5）设置前景色为黑色。添加图层蒙版。选择"画笔"工具☑，在多余的部分进行涂抹。

（6）新建图层。选择"画笔"工具☑，在图像窗口中进行绘制。

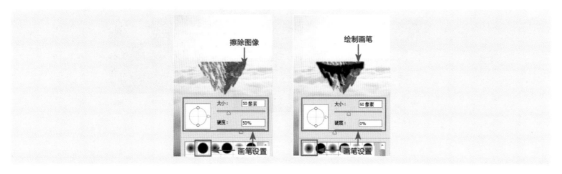

（7）将图层的混合模式设为"柔光"，"不透明度"设为80%，使绘制的图形和山峰相融合。

（8）打开素材03。选择"快速选择"工具☑，抠出天空和山。使用"调整边缘"命令平滑和羽化选区，使选区更自然。

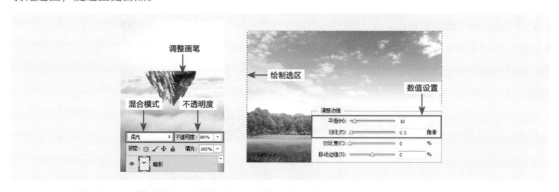

（9）反选选区，并复制选区中的图像。隐藏"背景"图层。

（10）将该图像拖曳到新建的图像窗口中，生成新图层并命名为"草坪"，适当调整位置和大小。

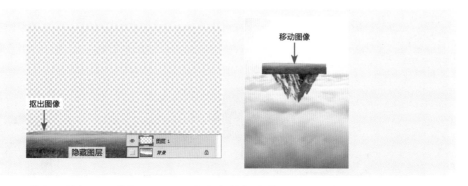

（11）添加图层蒙版。选择"画笔"工具☑，在多余的部分进行涂抹，使其拼合成一张图片。

（12）打开素材04。选择"魔棒"工具☑抠取天空。

（13）反选选区，并复制选区中的图像。隐藏"背景"图层。

（14）将该图像拖曳到新建的图像窗口中，生成新图层并命名为"房子"，适当调整位置和大小。

（15）添加图层蒙版。选择"画笔"工具☑，在多余的部分进行涂抹，使图片拼合得更融洽。

（16）拖曳"房子"图层到"山峰"图层的下方。

3．添加其他素材

（1）打开素材 05~10，抠出图像。

（2）将其分别拖曳到新建的图像窗口中，适当调整其位置和大小。可以丰富场景内容并遮挡衔接不自然的地方。

（3）打开素材 11，将其拖曳到新建的图像窗口中，生成新图层并命名为"云"。

（4）复制"云"图层生成副本，并隐藏该图层。将"云"图层拖曳到"房子"图层的下方。

（5）显示副本图层。使用"变换"命令水平翻转图像，并调整其位置和顺序。

（6）选择"横排文字"工具 T，在页面中添加标题和内容文字。

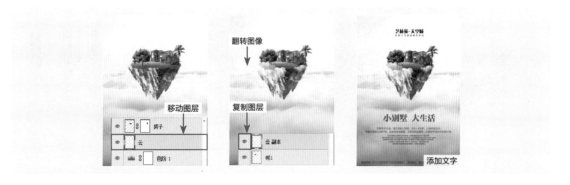

10.2　制作杂志封面

10.2.1　项目背景及要求

1. 客户名称

时尚佳人杂志社。

2. 客户需求

时尚佳人杂志社致力于为走在时尚前沿的人们提供资讯类杂志。杂志的主要内容是介绍完美彩妆、流行影视、时尚服饰等信息，获得了广大新新人类的喜爱。要求进行杂志的封面设计，用于杂志的出版及发售，在设计上要营造出时尚和现代感。

3. 设计要求

（1）画面要求以极具现代气息的女性照片为内容。

（2）栏目标题的设计能诠释杂志内容，表现杂志特色。

（3）画面色彩要充满时尚性和现代感。

（4）设计风格具有特色，版式布局相对集中紧凑、合理有序。

（5）设计规格均为 205 毫米（宽）×285 毫米（高），分辨率为 300 像素 / 英寸。

10.2.2　项目创意及要点

分析： 图像中的人物皮肤上有痘痘，眼下有眼袋，额头周围有碎发，需要修饰，脸部和胳膊要进行调整，主要使用修图工具、绘图工具和"横排文字"工具进行制作。

素材： Ch10 > 素材 > 制作杂志封面 > 01、02。

效果： Ch10 > 效果 > 制作杂志封面。

制作要点： 使用"污点修复画笔"工具修复人物脸部污点，使用"仿制图章"工具修复眼袋和碎发，使用"快速选择"工具和"阴影 / 高光"命令调整人物的头发，使用"套索"工具、"羽化"命令和"变形"命令调整人物的形体，使用"横排文字"工具添加文字，使用绘图工具绘制需要的图形。

扩展案例

10.2.3　案例制作及步骤

操作视频 1

1．调整人物图像

（1）打开素材 01，人物的形体不够完美，需要调整。

（2）复制"背景"图层。放大图像，使用"污点修复画笔"工具 🖋 修复脸部图像。

（3）使用"仿制图章"工具![stamp]修复眼袋。

（4）再次使用"仿制图章"工具![stamp]修复碎发。

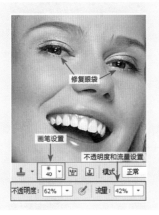 

（5）选择"快速选择"工具![tool]，选取头发图像。按 Ctrl+J 组合键复制选区中的图像。

（6）使用"阴影 / 高光"命令，调整头发明暗。按 Ctrl+E 组合键，向下合并图层。

（7）选择"套索"工具![lasso]，绘制需要的选区。

（8）选择"选择 > 修改 > 羽化"命令，设置羽化半径值，羽化选区。复制选区内的图像。

（9）使用自由变换中的"变形"命令对选区中的图像进行变形。向下合并图层。

（10）选择"套索"工具 ⌒，绘制需要的选区。

（11）选择"选择 > 修改 > 羽化"命令，设置羽化半径值，羽化选区。复制选区内的图像。

（12）使用自由变换中的"变形"命令对选区中的图像进行变形。向下合并图层。

（13）用相同的方法修复右侧的脸形。

（14）使用"色阶"命令调整图像的亮度。

2．添加杂志内容

（1）按 Ctrl+N 组合键，弹出对话框，新建一个宽度为 20.5 厘米、高度为 27.5 厘米、分辨率为 300 像素 / 英寸的文件。

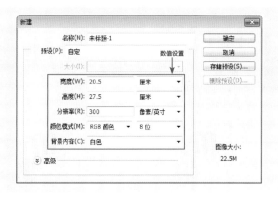

（2）将调整好的人物图像拖曳到新建的图像窗口中。

（3）选择"横排文字"工具 T，设置适当的字体和大小，输入需要的粉色（234、4、90）文字。

（4）选择"窗口＞字符"命令，弹出控制面板，设置字间距。

（5）用相同的方法输入粉色和黑色文字，并调整字距。

（6）选择"横排文字"工具 T，分别设置适当的字体和大小，输入右侧的黑色文字，并调整字距。

（7）选择"直线"工具 ，在属性栏中选择"形状"工具模式，按住 Shift 键，绘制直线。

（8）选择"横排文字"工具 T，设置适当的字体和大小，输入粉色和黑色文字，并调整字距。

（9）输入需要的白色文字，并分别调整其大小和间距。

（10）按 Ctrl+T 组合键，将文字旋转到适当的角度。

（11）选择"椭圆"工具 ，按住 Shift 键，绘制浅粉色（255、124、158）圆形。

（12）将图层下移一层，并将"不透明度"设为 50%。

（13）选择"横排文字"工具 T，分别设置适当的字体和大小，输入粉色和黑色文字，并调整字距。

（14）选择"自定形状"工具 ，在属性栏中选择需要的形状，绘制形状图形。

（15）选择"移动"工具 ，按住 Alt 键的同时，将图形拖曳到适当的位置，复制图形。

（16）选择"椭圆"工具 ，按住 Shift 键，绘制白色圆形。

（17）将圆形图层下移一层。

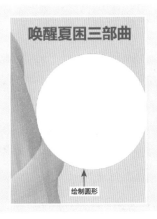

（18）选择"画笔"工具 ，单击属性栏中的"切换画笔面板"按钮 ，弹出面板，设置数值。

（19）新建"描边"图层。显示圆形路径。选取路径，并使用画笔描边路径。

（20）选择"横排文字"工具 T，分别设置适当的字体和大小，输入粉色和黑色文字，并调整字距。

（21）选择"直线"工具 ⊘，按住 Shift 键，绘制直线。

（22）复制并水平翻转直线。

（23）选择"横排文字"工具 T，输入需要的黑色文字，并调整字距。

（24）选择"圆角矩形"工具 ▣，绘制白色圆角矩形，并调整其顺序和不透明度。

（25）复制图形并调整其大小和位置。

（26）用相同的方法输入其他文字和图形。

（27）选择"多边形"工具 ◉，在属性栏中进行设置，绘制星形。

（28）打开素材 02，将其拖曳到正在编辑的图像窗口中。

绘制透明图形

复制并调整图形

添加文字

绘制图形

半径：

☑ 星形

缩进边依据： 50%

□ 平滑拐角

□ 平滑缩进

选项设置

添加图形

10.3 | 制作饮料包装

10.3.1 项目背景及要求

1. 客户名称

天乐饮料（广州）有限公司。

2. 客户需求

果汁是以水果为原料经过物理方法如压榨、离心、萃取等得到的汁液产品，一般是指纯果汁或100% 果汁。本例是为饮料公司设计的有机水果饮料包装，主要针对的消费者是关注健康、注意营养膳食结构的人群。在包装设计上要体现出果汁来源于新鲜水果的概念。

3. 设计要求

（1）包装风格要求以米黄和粉红为主，体现出产品新鲜、健康的特点。

（2）字体要求简洁大气，配合整体的包装风格，让人印象深刻。

（3）设计以水果图片为主，图文搭配编排合理，视觉效果强烈。

（4）以真实、简洁的方式向观者传达信息内容。

（5）设计规格为 29 厘米（宽）×29 厘米（高），分辨率为 300 像素 / 英寸。

10.3.2 项目创意及要点

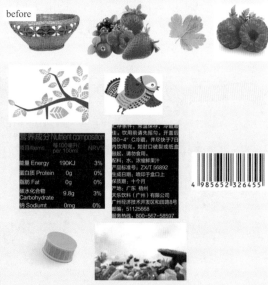

分析：制作饮料包装时，要制作出产品包装的立体效果，可以将包装充分展现出来。在处理时，先制作出包装平面图，再使用"变换"命令制作包装透视效果，主要使用绘图工具、"变换"命令和"横排文字"工具进行制作。

素材：Ch10 > 素材 > 制作饮料包装 > 01 ~ 12。

效果：Ch10 > 效果 > 制作饮料包装。

制作要点：使用"新建参考线"命令添加参考线，使用选区工具和绘图工具添加背景底图，使用"移动"工具、图层蒙版和"画笔"工具制作水果和自然图片，使用"横排文字"工具和"文字变形"命令添加宣传文字，使用"自由变换"命令和"钢笔"工具制作立体效果，使用"移动"工具制作广告效果。

扩展案例

10.3.3 案例制作及步骤

 操作步骤1　 操作步骤2　 操作步骤3　 操作步骤4　 操作步骤5

 操作视频1　 操作视频2　 操作视频3　 操作视频4　 操作视频5

10.4 制作手机 UI

10.4.1 项目背景及要求

1. 客户名称

事美电子产品有限公司。

2. 客户需求

事美电子是以简洁卓越的品牌形象、不断创新的公司理念和竭诚高效的服务质量而闻名。目前，事美电子推出一款新型手机，要求进行 UI 设计，能简洁、直观地展示产品的新技术及特色，让消费者一目了然。

3. 设计要求

（1）风格要求以白色和蓝色为主，体现出产品的科技感和现代感。

（2）字体要求简洁精练，配合整体的设计风格，让人印象深刻。

（3）设计以展示产品为主，醒目直观，视觉效果强烈。

（4）以真实、简洁的方式向观者传达信息内容。

（5）设计规格为 13.5 毫米（宽）×15.1 毫米（高），分辨率为 300 像素 / 英寸。

10.4.2 项目创意及要点

分析： 在制作手机 UI 时，适当的屏幕反光和阴影能够增加科技感。在处理时，先使用绘图工具绘制手机主体，再为手机屏幕添加图标和屏幕反光，主要使用绘图工具、图层样式和图层混合模式进行制作。

素材： Ch10 > 素材 > 制作手机 UI > 01 ~ 09。

效果： Ch10 > 效果 > 制作手机 UI。

制作要点： 使用"圆角矩形"工具、"矩形"工具和"椭圆"工具绘制相机图标，使用"圆角矩形"工具和图层样式制作手机外形，使用"多边形套索"工具、"图层"控制面板和剪贴蒙版制作高光，使用图层蒙版和"渐变"工具制作投影效果，使用"横排文字"工具添加文字。

扩展案例

10.4.3　案例制作及步骤

操作步骤 1　操作步骤 2　操作步骤 3　操作步骤 4　操作步骤 5　操作步骤 6

操作视频 1　操作视频 2　操作视频 3　操作视频 4　操作视频 5　操作视频 6

10.5　制作化妆品网页

10.5.1　项目背景及要求

1. 客户名称

香寇尔化妆品有限公司。

2. 客户需求

香寇尔化妆品是一家专门经营高档女性化妆品的公司。本例是为公司设计的网页，主要针对产品进行促销和推广，需要在网页上制作产品促销广告和公司相关信息，要求符合公司形象，并且要迎合消费者的喜好。

3. 设计要求

（1）网页背景要求制作出雅致、舒适的视觉效果。

（2）多使用浅色，给人以清新感，画面要求干净、清爽。

（3）要求使用产品和亮色进行点缀搭配，丰富画面效果。

（4）设计能够吸引消费者的注意力，突出对公司及促销产品的介绍。

（5）设计规格为 14 厘米（宽）×7.5 厘米（高），分辨率为 300 像素 / 英寸。

10.5.2　项目创意及要点

分析： 在制作化妆品网页时，淡雅的画面会呈现出化妆品的无添加理念。在处理时，将化妆品图片的比例适当加大有助于吸引消费者的目光，主要使用绘图工具、图层样式和"变换"命令进行制作。

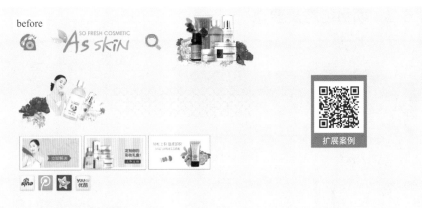

素材： Ch10 > 素材 > 制作化妆品网页 > 01 ~ 08。

效果： Ch10 > 效果 > 制作化妆品网页。

制作要点： 使用"矩形选框"工具和"变换"命令制作背景效果，使用"多边形套索"工具、"图层样式"命令制作装饰图形，使用"文字"工具添加需要的宣传文字，使用"自定形状"工具添加形状，使用剪贴蒙版制作广告底纹。

10.5.3 案例制作及步骤

操作步骤 1

操作步骤 2

操作步骤 3

操作步骤 4

操作视频 1

操作视频 2

操作视频 3

操作视频 4

10.6 课堂练习——制作空调宣传单

10.6.1 项目背景及要求

1. 客户名称

海布尔电器有限责任公司。

2. 客户需求

海布尔电器有限责任公司是集研发、生产、销售、服务于一体的专业化电器制作企业。本例是为公司新生产的空调设计制作的宣传单，要求形象、生动地体现出此产品的特点，以简约、直观的风格营造出健康、舒适的氛围。

3. 设计要求

（1）画面要求以直观的形式表达出此产品的特点。

（2）广告语要点明主题，信息主次分明。

（3）画面色彩要充满清新感，颜色明快而富有张力。

（4）设计风格具有特色，版式布局相对集中紧凑、简洁清晰。

（5）设计规格为 210 毫米（宽）×297 毫米（高），分辨率为 150 像素 / 英寸。

10.6.2　项目创意及要点

分析：在制作空调宣传单时，以简洁、直观的方式展示出宣传主体，与文字搭配，醒目、清晰。在处理时，将宣传图与文字都放置在中轴线上，吸引消费者的目光，主要使用绘图工具、图层蒙版、图层样式和"横排文字"工具进行制作。

 操作视频1　操作视频2

 操作视频3 操作视频4

素材：Ch10 > 素材 > 制作空调宣传单 > 01 ～ 07。

效果：Ch10 > 效果 > 制作空调宣传单。

制作要点：使用"渐变"工具和图层混合模式制作背景底图，使用"椭圆"工具和图层样式制作装饰圆形，使用"钢笔"工具、图层蒙版和"渐变"工具制作图形渐隐效果，使用"自定形状"工具和图层样式制作装饰星形，使用"横排文字"工具和"变换"命令添加宣传性文字。

10.7　课后习题——制作咖啡包装

10.7.1　项目背景及要求

1. 客户名称

泰威咖啡。

2. 客户需求

泰威咖啡是一家生产、经营各种咖啡的食品公司，目前该公司的经典畅销品牌迈威原味咖啡需要更换新包装全新上市，要设计一款咖啡外包装，要求抓住产品特点，达到宣传效果。

3．设计要求

（1）整体色彩使用棕色和红色，体现咖啡的质感。

（2）设计要求简洁，图文搭配合理。

（3）以真实的产品图片展示，向观众传达真实的信息内容。

（4）设计规格为 150 毫米（宽）×98 毫米（高），分辨率为 300 像素 / 英寸。

10.7.2　项目创意及要点

分析： 在制作咖啡包装时，将背景与包装紧密结合，展示出浓滑香醇的口感和高档的品质。在处理时，将环境、包装、颜色、文字融为一体，宣传性强，主要使用参考线、填充工具、绘图工具和"横排文字"工具进行制作。

素材： Ch10 > 素材 > 制作咖啡包装 > 01 ～ 08。

效果： Ch10 > 效果 > 制作咖啡包装。

制作要点： 使用"新建参考线"命令添加参考线，使用"钢笔"工具和"渐变"工具制作平面效果图，使用选区工具和"变换"命令制作包装立体效果，使用滤镜和"横排文字"工具制作包装广告效果。

操作视频 1

操作视频 2